Ihr BuchPlus-Vorteil:

Nutzen Sie das BuchPlus-Angebot und erhalten Sie als Käufer dieses Buches 70 % Rabatt auf das E-Book!

BuchPlus Vorteilscode*:
buch_1024_83483

So einfach geht's:

› Auf www.baufachinformation.de das von Ihnen gekaufte Buch auswählen
› Das dazugehörige E-Book in den Warenkorb legen
› Am Ende des Bestellprozesses im Gutschein-Feld den Vorteilscode eingeben
› Nach Abschluss des Kaufs: E-Book downloaden

* Bitte beachten Sie:
Dieser Code wurde individuell erstellt. Er gilt nur für den Käufer dieses Buches. Er darf nicht an Dritte weitergegeben werden und ist nur einmalig gültig.
Sollte das Buch zurückgezogen werden, z.B. weil es vergriffen ist oder neu aufgelegt wird, wird auch der Code ungültig.

Hermann G. Meier, Sylvia Stürmer

Sanierputzsysteme

Hermann G. Meier, Sylvia Stürmer

Sanierputzsysteme

Planung | Ausführung | Fehlervermeidung

Fraunhofer IRB Verlag

Bibliografische Information der Deutschen Nationalbibliothek:
Die Deutsche Nationalbibliothek verzeichnet diese Publikation in der Deutschen Nationalbibliografie; detaillierte bibliografische Daten sind im Internet über www.dnb.de abrufbar.

ISBN (Print): 978-3-7388-0507-9
ISBN (E-Book): 978-3-7388-0508-6

Lektorat: Claudia Neuwald-Burg
Layout, Herstellung: Andreas Preising
Satz: Reemers Publishing Services GmbH, Krefeld
Umschlaggestaltung: Martin Kjer
Druck: AZ Druck und Datentechnik GmbH, Kempten

Fraunhofer-Informationszentrum Raum und Bau IRB
Nobelstraße 12, 70569 Stuttgart
Telefon +49 711 970-2500
Telefax +49 711 970-2508
irb@irb.fraunhofer.de
www.baufachinformation.de

Vorwort

Salze in Bauteilen sind bei normalem Klima oft nicht sichtbar. Dennoch können sie starke Auswirkungen haben und gravierende Schäden verursachen. Das Zusammenwirken von Feuchte und Salzen ruft an modernen Bauwerken primär wirtschaftliche Schäden und Ärger für die Bauherren hervor. An Baudenkmälern entstehen durch diese Schadwirkungen oftmals unwiederbringliche Verluste an Wandmalereien, Fassadenzier oder anderen baulichen Zeitzeugnissen.

In den vergangenen Jahrhunderten nahm man die Auswirkungen von Feuchte und Salzen meistens als gegeben hin. Schäden an den betroffenen Flächen wurden von Zeit zu Zeit durch das Aufbringen eines kalkgebundenen Putzes repariert oder durch Überstreichen kurzzeitig unsichtbar gemacht.

Seit Erfindung des Portlandzements wurde dieser ab Mitte des 19. Jahrhunderts auch für Putze eingesetzt. Die Herstellung von festeren, dichteren und frostbeständigen Putzen wurde möglich. Sockelputzschäden konnten dadurch stark reduziert werden. Es ist aber grundsätzlich falsch, solche Putze auch auf feuchte und salzhaltige Mauerwerksflächen aufzubringen. Die sehr geringe Kapillarität und Wasserdampfdurchlässigkeit normaler Zementputze können bewirken, dass Feuchtigkeit und Salze in höher liegende Bereiche transportiert werden.

Eine Zeit lang wurden im 20. Jahrhundert sogenannte Salzumwandler verwendet, mit denen das Problem allerdings auch nicht dauerhaft in den Griff zu bekommen war. Vor allem die häufig vorkommenden Nitrate konnten nicht in schwer lösliche Verbindung umgewandelt werden.

Erst ab den 1960er-Jahren wurden den bis dahin hauptsächlich als Baustellenmörtel hergestellten Putzen besondere Zusatzmittelkombinationen zugegeben. Unter bestimmten Bedingungen konnten mit diesen Additiven langfristig haltbare Putze für die belasteten Bereiche hergestellt werden. Die verwendeten Zusatzmittelkombinationen enthielten neben den aus der Betontechnologie bekannten Luftporenbildnern auch Salze organischer Fettsäuren, z. B. Stearate, mit denen die Mörtel wasserabweisende Wirkungen entfalteten. Der Erfolg trat in der Praxis jedoch nicht in jedem Fall ein, da insbesondere die für das Funktionieren von Wandputzen notwendigen Wasserdampfdiffusionseigenschaften von vielen Faktoren abhängen. Um einen ausreichend diffusionswirksamen Luftporenanteil mit einer geeigneten Porengrößenverteilung zu erreichen, müssen die Qualität und der Kornaufbau des Sandes passen, geeignete Bindemittel verwendet werden und eine ausreichende Mischintensität gegeben sein. Vor allem aber müssen die »Zutaten« gleichmäßig dosiert werden. Bei der bauseitigen Mörtelherstellung konnten die entscheidenden Kriterien meistens nicht eingehalten werden. Erst vor etwa 40 Jahren wurden die positiven Ansätze in speziell zusammengesetzten Werktrockenmörteln bis zur Marktreife weiterentwickelt, mit denen zielsicher Putze mit hoher Wasserdampfdurchlässigkeit und geringer kapillarer Wasseraufnahme hergestellt werden konnten. Durch geeignete Einsatzstoffe mit gleichmäßiger Qualität, optimierte Mischungen und exakte Dosierungsmöglichkeiten, wie sie nur im Werk gegeben sind, war es gelungen, endlich Werktrockenmörtel für weitgehend feuchte- und salzresistente Putze anzubieten. Der Begriff »Sanierputz« war geboren. Damit sollte auch eine Abgrenzung zu anderen gebräuchlichen Putzbezeichnungen wie »Sperrputz«, »Isolierputz« oder »Entfeuchtungsputz« deutlich gemacht werden.

Als die Sanierputze eingeführt wurden, waren sich die wenigen Hersteller damals darüber im Klaren, dass diese Produkte nur bei richtiger Anwendung Erfolg haben können. Der im Vergleich zu anderen Trockenmörteln höhere Preis für Sanierputze resultierte auch daraus, dass ein erhöhter Beratungsaufwand notwendig war. Das gilt nach wie vor. Schon bald wurde der Wunsch an die Wissenschaftlich-Technische Arbeitsgemeinschaft für Bauwerkserhaltung und Denkmalpflege e. V. (WTA) herangetragen, für dieses Spezialprodukt ein Merkblatt zu erarbeiten. Die WTA als Verein von Bauexperten begann sich in dieser Zeit als geeignete Plattform für das Zusammentragen und die Verbreitung von Fachwissen rund um das Thema Bauwerkserhaltung und Bausanierung zu etablieren.

Um 1985 erschien das erste WTA-Merkblatt für Sanierputze. Seither wurde dieses Merkblatt regelmäßig überarbeitet, um die Anwendung von Sanierputzsystemen immer sicherer zu machen. Seit ca. 20 Jahren wird von der WTA eine Zertifizierung der Systeme angeboten, die von den Herstellern gut angenommen worden ist. Sie trägt maßgeblich zur Qualitätssicherung der Sanierputzprodukte bei.

Ob die damals gewählte Bezeichnung »Sanierputz« besonders glücklich ist, muss heute nicht mehr diskutiert werden, da dieser Name inzwischen zum Begriff und mit dem WTA-Zertifikat sogar zur Marke geworden ist. Fast jeder Trockenmörtelhersteller bietet heute Sanierputzprodukte an. Durch die WTA-Merkblätter wurden Mindestanforderungen an dieses Spezialputzsystem festgelegt. Die

Praxis hat aber gezeigt, dass es für die Dauerhaftigkeit und Funktionsfähigkeit von Sanierputzen nicht ausreicht, ein Produkt oder Produktsystem zu verwenden, das alle gestellten Anforderungen erfüllt. Mindestens genauso wichtig sind die objektbezogene, richtige Auswahl und die fachgerechte Anwendung dieser Produkte. Eine wesentliche Voraussetzung hierfür ist die schon erwähnte seriöse und fachkundige Beratung der Hersteller, die leider nicht von allen Anbietern erbracht wird. Die Planer und Ausführenden müssen dafür sorgen, dass die Produkte richtig eingesetzt werden. Das ist nur möglich, wenn durch geeignete Voruntersuchungen die richtige Diagnose für den »Patienten« Mauerwerk gestellt und das Funktionsprinzip der Sanierputzsysteme verstanden wurde.

Den Autoren ist bewusst, dass es keine »Wunderbaustoffe« und »Alleskönner« gibt und auch Sanierputzsysteme an Grenzen gelangen. Dies wird in diesem Buch an mehreren Stellen angesprochen und nicht zuletzt anhand von Objektbeispielen aufgezeigt.

Das Hauptanliegen unseres Buches ist es, Planern und Praktikern das Wirkprinzip von Sanierputzsystemen und die wesentlichen Grundzusammenhänge für die richtige Planung und Ausführung aufzuzeigen.

Nur bei fachgerechter Anwendung dieser Putzsysteme mit flankierenden Maßnahmen wie Abdichtungs- oder Beschichtungsarbeiten und dem bewussten Zusammenwirken aller Objektbeteiligten kann den salz- und feuchtebelasteten Mauerwerken wirksam geholfen werden.

Hermann G. Meier und Sylvia Stürmer
April 2021

Danksagung

Für die langjährige freundschaftliche Zusammenarbeit, die guten Fachgespräche und die tolle Unterstützung durch Zuarbeiten und Fotos für dieses Buch bedanken wir uns ganz besonders bei German Storz, Architektin Corinna Wagner-Sorg, Prof. Dietmar Hettman, Dr. Lothar Goretzki, Dipl.-Ing. Dieter Schaller, Dipl.-Min. Helmut Kollmann.

Hermann G. Meier und Sylvia Stürmer

Inhaltsverzeichnis

Vorwort 5
Danksagung 8

1 Ursachen für Feuchte- und Salzschäden an Mauerwerken und Putzen 13

2 Funktionsputze für feuchte- und salzbelastete Untergründe 21
2.1 Bezeichnungen 21
2.2 Opferputze 22
2.3 Kompressenputze 24

3 Sanierputzsysteme nach WTA 29
3.1 Entwicklung des technischen Regelwerks 29
3.2 Definition Sanierputz-WTA 31
3.3 Funktionsweise 32
3.4 Zusammensetzung und Bestandteile von Sanierputzsystemen 37
3.5 Anforderungen an Sanierputzsysteme 41
3.5.1 Spritzbewurf 41
3.5.2 Grundputz-WTA 42
3.5.3 Sanierputz-WTA 43
3.6 Qualitätssicherung und Zertifizierung 46

4 Notwendige Voruntersuchungen 49
4.1 Bestandserkundung 49
4.2 Feuchtetransport und Feuchtemessungen 50
4.2.1 Zerstörungsfreie Feuchtemessungen 51
4.2.2 Feuchtemessungen an Baustoffproben 54
4.2.3 Feuchtekennwerte: Sättigungsfeuchte, Durchfeuchtungsgrad und hygroskopische Feuchteaufnahme 56
4.2.4 Bewertung 58

4.3 **Erfassung der Salzgehalte** ... 60
4.3.1 Halbquantitative Messungen ... 62
4.3.2 Quantitative Messungen ... 63
4.3.3 Auswertung ... 65

5 Flankierende Maßnahmen und Vorbereitungen ... **71**
5.1 **Abdichtungsmaßnahmen** ... 71
5.2 **Maßnahmen in Abhängigkeit von der Salzbelastung** ... 76
5.3 **Bewertung der Feuchtesituation im Putzgrund** ... 79
5.4 **Prüfung des Putzgrundes auf ausreichende Tragfähigkeit** ... 81
5.5 **Putzgrundvorbereitung** ... 83
5.5.1 Entfernen geschädigter Substanz ... 83
5.5.2 Anbringen von Putzträgern ... 85
5.5.3 Spritzbewurf ... 86
5.5.4 Gipshaltige Untergründe ... 87
5.5.5 Anarbeiten und Überarbeiten sandender Altputze – Einsatz von Putzfestigern ... 89
5.5.6 Putzprofile bei Sanierputzen ... 91
5.6 **Höhe des aufzubringenden Sanierputzsystems** ... 93
5.7 **Lieferformen und Maschinentechnik** ... 94

6 Verarbeitung und Ausführung ... **97**
6.1 **Aufbringen des Putzsystems** ... 97
6.2 **Anpassung der Putzdicke an den Bestand** ... 100
6.3 **Sanierschlämmen** ... 103
6.4 **Klimabedingungen im Verarbeitungszeitraum** ... 103

7 Spritzwasserbereiche und Sockelgestaltung ... **107**

8 Oberputze und Anstriche auf Sanierputzsystemen ... **113**

9 Anwendungsgrenzen oder Zusatzmaßnahmen ... **117**
9.1 **Räume mit hoher relativer Luftfeuchte** ... 117
9.1.1 Kombinationen aus mineralischer Wärmedämmschicht und Sanierputz ... 117
9.1.2 Vermeidung von Schimmelpilzbildung ... 119
9.2 **Hohe Nitratsalzgehalte** ... 119
9.3 **Feuchte Kellerräume** ... 120
9.4 **Fliesen auf Sanierputz** ... 124

10 Fehlerquellen und Fehlerbeseitigung bei der Anwendung von Sanierputzsystemen 125
10.1 Mangelhafte Tragfähigkeit des Putzgrundes – Risse 125
10.2 Altputz nicht hoch bzw. weit genug entfernt. 129
10.3 Falsch aufgetragener Spritzbewurf 130
10.4 Mit Gips befestigte Elektroleitungen 131
10.5 Unterschiedliche und unregelmäßige Putzdicken 132
10.6 Unterschreiten der Sanierputzmindestdicke 132
10.7 Zu geringes Porenvolumen 133
10.8 Zu frühes oder ungenügendes Aufrauen der ersten Putzlage 133
10.9 Zu hohe Luftfeuchte in Kellerräumen 134
10.10 Zu geringe Festigkeit des Sanierputzes 135
10.11 Taupunkt dauerhaft innerhalb des Sanierputzquerschnitts 136
10.12 Zu dichte Anstrichsysteme 137
10.13 Nicht wasserabweisende Beschichtung im Außenbereich 137

11 Dauerhaftigkeit von Sanierputzsystemen 139
11.1 Zur Beurteilung der Dauerhaftigkeit von Putzen allgemein 139
11.2 Wie lange hält ein Sanierputzsystem? 140
11.3 Einfluss von Feuchte- und Salzgehalten 140
11.4 Einfluss der Schichtdicke 141
11.5 Einfluss der Qualität des Sanierputzmörtels 142
11.6 Begleitung und Beratung durch die Sanierputzhersteller 143

12 Sanierputzsysteme am Baudenkmal 145

13 Forschung zu Sanierputzsystemen, Weiterentwicklungen und Varianten 151
13.1 Anfänge der Sanierputzsysteme und Forschung in den 1990er-Jahren 151
13.1.1 Forschungen im Fraunhofer Institut für Bauphysik (IBP) mit modifizierten Diffusionsversuchen 153
13.1.2 Langzeitversuche 156
13.2 Weiterentwicklung von Sanierputzsystemen 162

14 Instandsetzungsbeispiele 165
14.1 Vorbemerkungen 165
14.2 Umnutzung der Grüner-Brauerei Bad Tölz – Kellerinstandsetzung mit Sanierputz ohne Abdichtungsmaßnahmen 165

14.2.1 Voruntersuchungen 167
14.2.2 Instandsetzungskonzept und Umsetzung 168
14.2.3 Nachuntersuchung nach drei Monaten und nach vier Jahren Standzeit 170
14.2.4 Bewertung der Maßnahme mit Sanierputzeinsatz 172
14.3 Instandsetzung der unteren Bereiche des »Linzgau-Leuchtturms« in Hohenbodman 173
14.3.1 Zustand vor der Instandsetzung 174
14.3.2 Instandsetzungsplanung und Umsetzung 175
14.3.3 Begutachtung und Bewertung nach acht Jahren Standzeit 177
14.4 Sanierung der Kirchhofmauer der Kirche St. Eulogius in Aftholderberg 179
14.4.1 Planung und Ausführung der Sanierungsarbeiten 180
14.4.2 Begutachtung und Bewertung nach 17 Jahren Standzeit 182
14.5 Lokale Putzinstandsetzung im Inneren der Kirche in Röhrenbach 186
14.5.1 Vorzustand und Instandsetzung 187
14.5.2 Heutiger Zustand: Visuelle Begutachtung und Nachuntersuchung 190
14.5.3 Bewertung nach 16 Jahren Standzeit 192
14.6 Thomaskirche Leipzig – Neuverputz Turm und Ostgiebel 192
14.6.1 Verputzarbeiten mit einem Sanierputzsystem bei der Instandsetzung im Jahr 1994 193
14.6.2 Visuelle Begutachtung nach 26 Jahren Standzeit 196
14.7 Putzfassadeninstandsetzung am Rathaus in Oschatz 199
14.7.1 Vorzustand und Instandsetzungsarbeiten 200
14.7.2 Erster Bauabschnitt: Putzauswahl und Natursteinsanierung 200
14.7.3 Zweiter Bauabschitt: Planung der Fassadeninstandsetzung 201
14.7.4 Zustand der Fassaden 28 Jahre nach der Instandsetzung 203

15 Hinweise für die Ausschreibung von Sanierputzleistungen 207
15.1 Voraussetzungen, Regelwerke, Richtlinien 207
15.2 Leistungsbeschreibung allgemein 208
15.3 Hinweis zu flankierenden Maßnahmen 208
15.4 Hinweise zum Entfernen des Putzes 209
15.5 Leistungsbeschreibung in Positionen 209
Literatur- und Bildnachweise 233
Stichwortverzeichnis 237

1 Ursachen für Feuchte- und Salzschäden an Mauerwerken und Putzen

Sichtbare Schäden am feuchte- und salzbelasteten Mauerwerk sind in erster Linie auf die Wirkung von Salzen zurückzuführen. Im Außenbereich sind sie häufig mit Frostschäden kombiniert. In trockenem Mauerwerk richten Salze keinen Schaden an. Sobald aber Feuchtigkeit dazu kommt, können sie unterschiedliche schädigende Wirkungen entfalten. Die Salze lösen sich in Wasser, wandern in den Kapillarporen des Mauerwerks und konzentrieren sich dort, wo die günstigsten Verdunstungsbedingungen herrschen. In den Verdunstungszonen finden Kristallisations- und Hydratationsvorgänge statt. Infolge der dabei auftretenden Volumenveränderungen werden im Baustoffgefüge Spannungen hervorrufen, die beim Überschreiten der Zug- und Verbundfestigkeit von Putzen und Anstrichen relativ schnell zu deren Zerstörung führen können (Bild 1). Solange immer wieder eine geeignete Putzschicht auf das Mauerwerk aufgebracht wird, in deren Querschnitt sich die Verdunstungsvorgänge abspielen und auftretende Spannungen in den Untergrund abgeleitet werden können, wird das Mauerwerk nicht geschädigt. Erst wenn die Verdunstungs- und Kristallisationsbereiche in die Mauerwerksebene verlegt werden, z. B. wenn vorhandener Putz abfällt oder entfernt wird, beginnt die Zerstörung des Mauerwerks (Bild 2). Bei alten Bauwerken, insbesondere bei Baudenkmälern, wird dabei unwiederbringlich historisch wertvolle Substanz zerstört.

Bild 1: Salzbedingte Risse und Anstrichabplatzungen, beginnende Putzschäden

Bild 2: Beginnende Mauerwerkschäden: Die schützende Putzschicht ist nicht mehr vorhanden.

Bauschädliche Salze können sowohl aus dem Boden als auch aus der Luft in die Baustoffe gelangen. Sie können infolge der Nutzung des Bauwerks oder der Umgebung von außen eindringen (z. B. aus Streusalzen oder Düngemitteln), durch Sanierbaustoffe mit hohem Eigensalzanteil in die Baustoffe eingetragen werden oder bereits von Anfang an in den historischen Baustoffen enthalten sein. Salze können sich außerdem durch Reaktionen von Baustoffbestandteilen mit Luftschadstoffen oder biologischen Stoffwechselprodukten bilden.

Bauschädlich können Salze aus den Gruppen der Sulfate, Chloride, Nitrate und Carbonate sein, wobei die Schadwirkungen von Carbonaten deutlich geringer sind als die der anderen Salze oder -gemische. Die Salzlösungen bestehen meistens aus den oben genannten Anionen sowie aus den Kationen Natrium (Na^+), Kalium (K^+), Calcium (Ca^{2+}), Magnesium (Mg^{2+}), die in der Regel aus den vorhandenen Baustoffen selbst stammen. Bei den bauschädlichen Salzen handelt es sich selten nur um eine Salzart, sondern eher um Salzgemische. In gemischten und aufkonzentrierten Salzlösungen beeinflussen sich die verschiedenen Ionen gegenseitig, was zu veränderten Kristallisations- und Lösungseigenschaften der Ionengemische gegenüber reinen Salzsystemen führt [20]. Die Mobilität und Schadwirkung der Salze oder Salzgemische im betroffenen Bauteil hängt unter anderem von deren Löslichkeit ab.

Schadensauslöser

Auslöser für die schädigenden Wirkungen der Salze auf das umgebende Baustoffgefüge sind:

- Löse- und Kristallisationsvorgänge,
- Hydratationsvorgänge,
- hygroskopische Feuchteaufnahme und damit häufig verbundene erhöhte Frostbeanspruchung,
- Reaktionen mit der Bausubstanz, oftmals mit Volumenvergrößerung.

Salze sind auf den Bauteiloberflächen nicht immer mit bloßem Auge erkennbar. Sie liegen je nach Salzart und Salzgemisch selten kristallin vor, insbesondere bei historischen Mauerwerken, deren Ausgleichsfeuchte oft erhöht ist. Tabelle 1 enthält eine Aufstellung der häufig an Bauwerken vorkommenden Salzarten sowie deren Löslichkeiten und Gleichgewichtsfeuchten in Abhängigkeit von der Temperatur (jeweils in Klammern).

Tabelle 1: Häufig an Bauwerken vorkommende Salze [11]

Mineralname	chemische Formel	Löslichkeit in g/mol (θ in °C)	Gleichgewichtsfeuchte in % (θ in °C)
Calcit	$CaCO_3$	0,001 (20)	ca. 100
Natrit	$Na_2CO_3 \cdot 10H_2O$	21,5 (0)	96,5 (15)
Gips	$CaSO_4 \cdot 2H_2O$	0,24 (20)	ca. 99
Hexahydrit	$MgSO_4 \cdot 6H_2O$	30,3 (20)	k. A.
Epsomit	$MgSO_4 \cdot 7H_2O$	71,0 (20)	86,9 (10)
Thenardit	Na_2SO_4	16,1 (20)	ca. 71 (15)
Mirabillit	$Na_2SO_4 \cdot 10H_2O$	11,0 (0)	95,2 (15)
Antarctit	$CaCl_2 \cdot 6H_2O$	5,36 (20)	33,7 (10)
Bischofit	$MgCl_2 \cdot 6H_2O$	167 (0)	33,3 (15)
Halit	$NaCl$	35,7 (0)	75,6 (15)
Sylvin	KCl	23,8 (20)	85,9 (15)
Nitrocalcit	$Ca(NO_3)_2 \cdot 6H_2O$	266 (20)	54,0 (15)
Nitromagnesit	$Mg(NO_3)_2 \cdot 6H_2O$	125 (20)	76,5 (15)
Nitronatrit	$NaNO_3$	92,1 (25)	(20)
Nitrokalit	KNO_3	13, 3 (0) 31,6 (20)	95,4 (15)

Die bauschädlichen Salze bewirken eine Erhöhung des Feuchtegehalts durch hygroskopische Effekte (Tabelle 2, Bild 3 und Bild 4). Das bedeutet, dass salzbelastete Baustoffe aus der Luft mehr Feuchtigkeit aufnehmen als ihrer Ausgleichsfeuchte bei gleichen Klimabedingungen ohne Salze entspricht. Bei Putzen führt die Zunahme des Feuchtegehalts in den Poren wiederum zu einer erhöhten Gefügebeanspruchung bei Frost-Tau-Wechseln.

Tabelle 2: Hygroskopische Wasseraufnahme von Vollziegeln bei unterschiedlicher Salzbelastung nach 20 Tagen Lagerung bei 60 und 95 % rel. Feuchte (nach [1], S. 6)

Salzart		**Versalzungsgrad in mg/g Ziegel**	**Wasseraufnahme nach 20 d in MASSE-%**	
Formelschreibweise	**Bezeichnung**		**65 % rel. F.**	**97 % rel. F.**
–		–	0,1	0,3
NaCl	Natriumchlorid	29	1	9,3
NaCl	Natriumchlorid	43	–	11,1
$MgSO_4$	Magnesiumsulfat	55	2,3	4,1
$MgSO_4$	Magnesiumsulfat	28	1,3	2,2
$Ca(NO_3)_2$	Calciumnitrat	82	5,1	10,8
$Ca(NO_3)_2$	Calciumnitrat	107	5,2	12,1

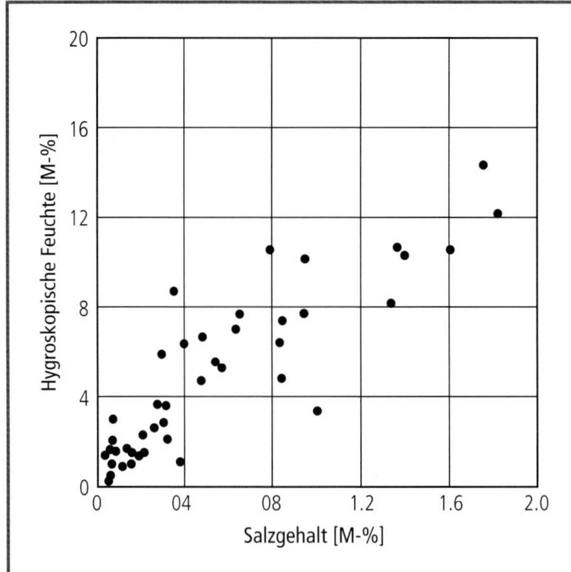

Bild 3: Zusammenhang zwischen der hygroskopischen Feuchte, ermittelt bei 25 °C und 90 % r. F. und dem in der Praxis angetroffenen Salzgehalt (Cl und NO_3) nach Messungen an Ziegeln [9].

Bild 4: Schäden infolge hygroskopischer Feuchtigkeitsaufnahme von Salzen im Putz und im Mauerwerk

Im Rahmen der Voruntersuchungen am Objekt sollten auch Untersuchungen zur Art und Herkunft der Salze durchgeführt werden. Viele Hersteller bieten derartige Untersuchungen mithilfe ihrer in der Regel sehr gut ausgestatteten eigenen Labore als Dienstleistung an. Diese Leistungen können in der Regel ohne Vorbehalte angenommen werden, weil bestimmt kein Interesse besteht, hier falsche Werte anzugeben. Es wird jedoch darauf hingewiesen, dass Untersuchungsergebnisse von lediglich ein bis zwei entnommenen Proben im Rahmen des Kundendienstes der Hersteller kaum ausreichend aussagefähig sind. Insbesondere wenn nur die Anionen der Salze (Sulfat, Nitrat, Chlorid) und nicht die zugehörigen Kationen (Calcium, Natrium etc.) bestimmt werden und der Nachweis ausschließlich durch Schnelltests erfolgt.

Weiterführende und detaillierte Informationen zur Zusammensetzung und Wirkung bauschädlicher Salze in Ziegel- und Natursteinmauerwerken sind in der Fachliteratur zu finden ([19], [20]). Auch die im Rahmen eines von der Deutschen Forschungsgemeinschaft (DFG) geförderten Forschungsprojektes von ausgewiesenen Experten erstellte Internet-Plattform *Salzwiki*[1] liefert wertvolle, umfangreiche Informationen zu Salzschäden und Maßnahmen.

Bei Objekten mit denkmalpflegerischem Bezug und komplexen Sanierungsmaßnahmen sind häufig umfassendere und detaillierte Untersuchungen notwendig, nicht zuletzt, um einen größtmöglichen Substanzerhalt unter Berücksichtigung der denkmalpflegerischen Zielstellung zu erreichen. Dafür werden in der Regel versierte Institute und Fachplaner hinzugezogen.

1 https://www.salzwiki.de – Diese Plattform wird vom *Hornemann Institut der Hochschule für angewandte Wissenschaft und Kunst, Hildesheim/Holzminden/Göttingen betrieben.*

Es ist bisher nicht gelungen, Methoden zu entwickeln, mit deren Hilfe man ein Mauerwerk vollständig entsalzen kann. Salzreduktionen im oberflächennahen Bereich sind hingegen möglich. Auf den Einsatz temporärer Maßnahmen z. B. mithilfe sogenannter Kompressen- bzw. Opferputze wird in Kapitel 2 eingegangen. Durch die Anwendung geeigneter Sanierputzsysteme können in vielen Fällen übliche Schäden durch Salze langfristig vermieden werden.

Für Außenputze gemäß Regelwerken werden Kalkputze (PI bzw. CS I), Kalkzementputze (PII bzw. CS II) und Zementputze (PIII bzw. CS III oder CS IV) eingesetzt. In einem Kalkputz der Mörtelgruppe PI/CS I kann auch ein begrenzter hydraulischer Anteil enthalten sein. In vielen Fällen handelt es sich dabei um einen Zementanteil, der die Entwicklung der Frühfestigkeit des Kalkputzes unterstützt. Ohne die Zugabe von wasserabweisenden Zusatzmitteln erfolgt bei Kalkputzen ein ungehinderter kapillarer Wassertransport. Sind im Wasser auch Salze gelöst, werden diese Salze in den Kapillarporen mit dem Wasser durch das Putzgefüge transportiert und kristallisieren, beginnend an der Putzoberfläche und später zunehmend im Putzquerschnitt. Das führt insbesondere bei den gering festen Kalkputzen häufig zu Schäden, die von Gefügebeeinträchtigungen bis zur vollständigen Zerstörung reichen können. Sehr ungünstig wirken sich dabei mögliche Verdichtungen der Kapillaren durch die, je nach Salzart und Trocknungsbedingungen, zunehmende Kristallisation der Salze aus. Dieses Phänomen wird auch als Trocknungsblockade bezeichnet (Bild 5, [9]) und bewirkt eine Reduktion der Diffusionsfähigkeit herkömmlicher mineralischer Putze auf Kalk- und Kalkzementbasis. Die Werte für die Wasserdampfdurchlässigkeit (μ-Werte), die bei unbelasteten Kalk- bzw. Kalkzementputzen zwischen 10 und 20 liegen, können durch die Trocknungsblockade auf Werte in einer Größenordnung über 100 erhöht werden. Dadurch können ähnliche Effekte wie bei der Anwendung von reinen Zementputzen auftreten, die Feuchte im Mauerwerk wird weiter ansteigen. Durch die erhöhte Feuchte und die damit verbundene Frostbeanspruchung wird das Putzgefüge geschädigt, mit möglichen Folgeschäden, auch für das Mauerwerk.

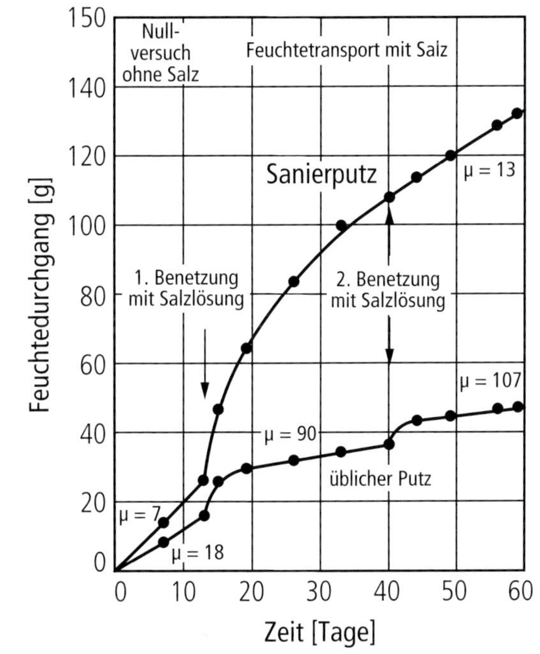

Bild 5: Feuchtedurchgang durch Putzproben (üblicher Kalk-Zement-Putz, Sanierputz) bei einem Diffusionsversuch im Feuchtbereich (von 75 % r. F. – Kochsalz – bis 50 % r. F. – Klimaraum) bei zweimaliger Benetzung der Probenrückseite mit Kochsalzlösung (Dicke der PII-Putzprobe: 16 mm, Dicke der Sanierputzprobe: 20 mm) (nach [10])

Zementputze (PIII bzw. CS III oder CS IV) nehmen wenig Wasser auf. Je nach Zusammensetzung sind sie kapillar wenig oder nicht aktiv. Dies ist auch der Grund, warum in der früheren Putznorm nur reine Zementputze als geeignete Sockelputze ausgewiesen wurden, sie sind kaum frostgefährdet. Allerdings dürfen sie, mit an den Untergrund angepassten Festigkeiten, nur auf salzfreie und trockene Untergründe aufgebracht werden. Auf feuchten Mauerwerken sind Zementputze nicht dauerhaft (Bild 6) und bewirken ein Aufsteigen der Feuchtigkeit in höhere Schichten, wie in (Bild 7) schematisch dargestellt ist. Die leider immer wiederkehrende Fehlanwendung von dichten Zementputzen auf feuchten, salzhaltigen Mauerwerken ist einer der Gründe für die zum Teil immer noch vorhandene Skepsis der Denkmalpfleger gegenüber zementhaltigen Putzen.

Bild 6: Ein zu dichter Zementputz am Gebäudesockel bewirkt ein Aufsteigen der Feuchte- und Salzfront in höher gelegene Bereiche und Putzschäden.

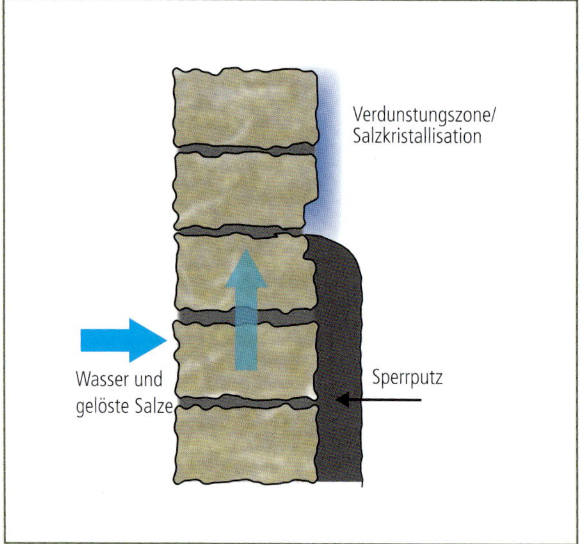

Bild 7: Ein zu dichter Sperrputz behindert die Trocknung nach außen.

2 Funktionsputze für feuchte- und salzbelastete Untergründe

2.1 Bezeichnungen

Sanierputzsysteme sind eine spezielle Form von Funktionsputzen. Aufgrund ihrer besonderen Zusammensetzung und ganz spezifisch eingestellter Mörtelkennwerte können sie auf feuchte- und salzbelasteten Mauerwerken eingesetzt werden und dort eine vergleichbare technische Lebensdauer wie herkömmliche mineralische Putze auf unbelasteten Untergründen erreichen. Je nach Sanierungsziel und Objektrandbedingungen kann es sinnvoll sein, alternativ oder ergänzend andere Funktionsputze einzusetzen. Insbesondere die sogenannten Opferputze sowie Kompressen (-putze) sind mitunter eine sinnvolle zusätzliche Maßnahme vor dem Sanierputzeinsatz oder in bestimmten Fällen eine Alternative zum Sanierputz. Um diese Funktionsputze soll es in diesem Kapitel gehen.

Irreführend ist die Bezeichnung »Entfeuchtungsputz«. Auch wenn es immer noch Hersteller gibt, die sogenannte Entfeuchtungsputze anbieten, bedeutet das nicht, dass man mit einem Putz, gleich welcher Zusammensetzung, feuchtes und salzhaltiges Mauerwerk vollständig trocknen kann. Bei näherer Betrachtung sind diese sogenannten Entfeuchtungsputze entweder ähnlich den Sanierputzen rezeptiert (einzelne tragen auch den Doppelnamen Sanierputz/Entfeuchtungsputz) oder es sind kapillaraktive, stark saugende Mörtel, die eher zu den Kompressenputzen zählen.

Bauphysikalisch ist eine vollständige Entfeuchtung, das heißt ein Feuchtegehalt von 0 %, bei kapillarporösen Baustoffen nur nach dem Darren und anschließender Lagerung im Exsikkator (Luftfeuchte = 0 %) möglich. Bereits beim Kontakt mit der Außenluft stellt sich die bekannte baustoff- und klimaabhängige Ausgleichsfeuchte ein. Alle Putzschichten, auch Sanierputze, verlängern die Wasserabgabe aus dem Mauerwerk gegenüber der Abtrocknung einer unbeschichteten Mauerwerksoberfläche, sie »entfeuchten« also nicht. Nur die Zeitdauer der Verzögerung der Trocknung ist je nach Putzart sehr unterschiedlich. Bei Sanierputzen ist sie kürzer als bei üblichen Kalk-Zement-Putzen. Bei zementreichen Putzen kann der bereits erwähnte Sperreffekt eintreten, was bei den sogenannten Sperrputzen erwünscht ist.

Funktionsputze müssen zahlreiche, über die Aufgaben herkömmlicher Innen- und Außenputze hinausgehende Funktionen übernehmen können. Beschrieben sind diese Putze im WTA-Merkblatt 2-14 [53]. Dort werden die verschiedenen Funktionen und Charakteristika definiert, Kennwerte und Eigenschaften aufgeführt und Einsatzmöglichkeiten sowie Anwendungsgrenzen beschrieben. Hauptaufgabe von Putzen im Außenbereich ist der Witterungsschutz, aber auch die Herstellung von ästhetischen und gleichmäßigen Oberflächen. Außerdem dienen sie dem Schutz vor äußeren Einwirkungen oder der Erzeugung einer gewünschten haptischen Qualität. Putze werden auch eingesetzt, um bauphysikalische Anforderungen an den Schall-, Wärme- und Brandschutz oder die Raumakustik zu verbessern [53].

Putze oder Kompressen, die bei salzbelasteten Untergründen eingesetzt werden und »feuchteregulierend« wirken können, sind in folgenden WTA-Merkblättern erfasst:

- 2-9 *Sanierputzsysteme*
- 2-10 *Opferputze*
- 3-13 *Salzreduzierung an porösen mineralischen Baustoffen mittels Kompressen*

Im Folgenden wird kurz auf Opferputze und Kompressenputze eingegangen, ausführlich werden sie in den oben genannten WTA-Merkblättern behandelt.

2.2 Opferputze

Opferputze sind im WTA-Merkblatt 2-10 definiert als »*zeitlich begrenzt anzuwendende Putze mit dem Ziel einer Sanierungswirkung oder Schutzfunktion.*« ([50] S. 3). Sie können unter anderem Schutzfunktionen bei Feuchte- und Salzbelastung übernehmen.

Ihr Einsatz ist sinnvoll bei extrem hohen Salzbelastungen im Mauerwerk und wenn Maßnahmen wie die Abkopplung vom Mauerwerk oder teilweiser Substanzaustausch nicht realisierbar sind. Opferputze und/oder Kompressen können als vorausgehende Maßnahme vor einem Sanierputzeinsatz oder als temporäre Maßnahme eingesetzt werden. Sie ermöglichen es, den Salzgehalt im oberflächennahen Bereich lokal oder auch bei größeren Flächen zu reduzieren. Die Reduzierung der Salzbelastung einer Oberfläche bzw. des oberflächennahen Bereichs erfolgt durch Verlagerung der Salze und der damit verbundenen Schadensprozesse in den Opferputz. Das kann z. B. bei sehr hohen Salzbelastungen für eine spätere Konservierung einer Originaloberfläche notwendig sein.

Nach dem WTA-Merkblatt werden für feuchte- und salzbelastete Oberflächen drei Arten von Opferputzen unterschieden (Tabelle 3).

Tabelle 3: Definition von Opferputztypen nach WTA 2-10-06, Tabelle 1 [50]

Typ	Beschreibung
Opferputz Innen (OP–I)	Der **O**pfer**p**utz dient zur Verhinderung von Schäden an Oberflächen vor Einwirkungen durch Salze und Feuchte aus dem **I**nneren des Mauerwerks oder Bauteils. Kristallisations- bzw. Verdunstungszonen werden aus dem Oberflächenbereich des Untergrundes in den Opferputz oder an dessen Oberfläche verlagert.
Kompressenputz/ Opferputz Innen/ Salz (OP–I-Salz)	Der Kompressenputz ist eine besondere Form des **O**pfer**p**utzes. Er ist für eine hohe **Salz**einlagerung konzipiert und kann auch auf stark durchfeuchteten Untergründen eingesetzt werden.
Opferputz Innen/ Feuchte (OP–I-Feuchte)	Der **O**pfer**p**utz dient zum temporären Verputzen von kurzzeitig stark mit **Feuchte** belasteten Untergründen. Der Putz bewirkt jedoch keine beschleunigte Austrocknung und darf in seinem Leistungsprofil kein »Sperrputz« sein.

Opferputze dieser drei Gruppen müssen ein salzunempfindliches Bindemittel, eine hohe Porosität und eine geeignete Porenradienverteilung aufweisen. Ähnlich den Sanierputzen müssen sie ausreichend Kapillarporen und einen vergleichsweise hohen Anteil an Luftporen enthalten. Die Festigkeit darf nicht zu gering sein, um eine Mindeststandzeit auf der betroffenen Oberfläche zu gewährleisten, jedoch aufgrund der notwendigen Reversibilität keinesfalls zu hoch. Empfehlungen für die Anforderungen an derartige Opferputze sind der Tabelle 2 des WTA-Merkblatts 2-10 *Opferputze* [50] zu entnehmen.

Die Kontrolle der Wirksamkeit erfolgt hauptsächlich durch visuelle Beobachtung. Sobald sich eine Anreicherung von Salzen im Putz und an dessen Oberfläche einstellt, was in der Regel anhand von Ausblühungen an der Putzoberfläche erkennbar ist, wird der Opferputz entfernt. Je nach Art und Menge der Salze kann es erforderlich sein, die Maßnahme zu wiederholen.

2.3 Kompressenputze

Die ebenfalls temporären und reversiblen Kompressenverfahren werden nicht nur zur Salzreduktion von Putzuntergründen wie Mauerwerk, sondern auch bei Sichtflächen aus Naturstein, keramischen Materialien und weiteren porösen mineralischen Baustoffen eingesetzt. Anders als bei den Opferputzen werden dabei nicht nur Putze, sondern auch andere Oberflächenauflagen als Kompressen verwendet. Dafür kommen Materialien mit großen spezifischen Oberflächen und Ionenaustausch- und Adsorptionseigenschaften zum Einsatz, beispielsweise Tone oder andere Silikate gemischt mit Zellulose und Füllstoffen bzw. inerten Gesteinskörnungen (siehe auch WTA-Merkblatt 3-13-19/D, Tabelle 2). Das Wirkprinzip ist dem von Sanier- und Opferputzen ähnlich: Salze werden unter anderem durch anfängliches Befeuchten im Wasser gelöst und mittels Kapillartransport aus dem salzbelasteten Baustoff in die Kompresse transportiert. Nur die Dauer des Kontakts der Kompressen mit dem belasteten Untergrund ist kürzer als bei Opfer- und Sanierputzen: temporäre Kompressenauflagen verbleiben Tage bzw. wenige Wochen auf dem Untergrund, während Opferputze einige Monate oder Jahre und Sanierputzsysteme für die gleiche technische Lebensdauer wie herkömmliche mineralische Putze vorgesehen sind.

Bild 8 zeigt schematisch die Feuchte- und Salzgehalte vor und nach einer Kompressenbehandlung am Beispiel eines Natursteinuntergrundes. Durch anfänglichen Kapillartransport mit den im Wasser gelösten Salzen wandern diese aus dem Untergrund in die saugfähige Kompresse. Ist die Pore nicht mehr mit Wasser gesättigt, sondern nur noch Wassermoleküle an der Porenwandung und Wasserdampfpartikel in der Luft vorhanden, erfolgt die weitere Trocknung durch Diffusion. Dabei werden keine weiteren Salze mehr transportiert. Nach Abnahme der mit Salzen angereicherten Kompresse stellt sich im behandelten oberflächennahen Bereich eine, gegenüber dem salzbelasteten Vorzustand reduzierte Ausgleichsfeuchte in Abhängigkeit von der umgebenden Raumfeuchte bzw. der Außenluft ein.

In den Opferputzen wie auch im Kompressenmaterial darf nur ein sehr geringer Eigensalzgehalt vorhanden sein. Gemäß [54] dürfen die Einsatzstoffe für Kompressen keine löslichen Salze und keine färbenden Anteile enthalten. Der Gesamtsalzgehalt sollte unter 0,1 Masse-% liegen. In diesem Zusammenhang sollte für das Befeuchten des Untergrundes vor dem Aufbringen der Kompresse ausschließlich entionisiertes Wasser und – je nach Region in Deutschland – auch für das Anmachwasser bevorzugt entionisiertes Wasser verwendet werden.

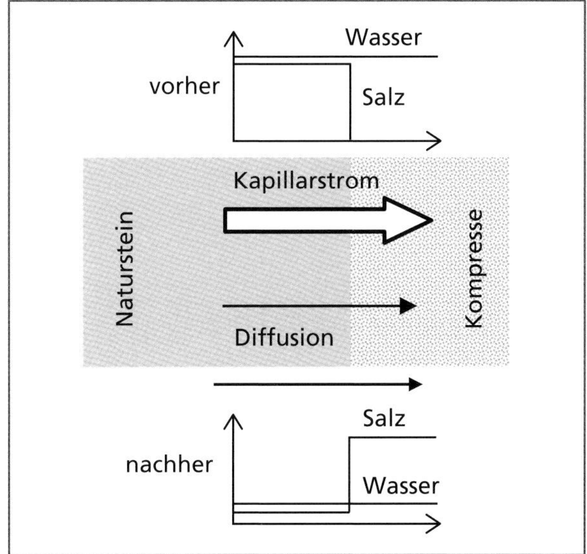

Bild 8: Feuchte- und Salzgehalte vor und nach einer Kompressenbehandlung am Beispiel eines Natursteinuntergrunds (WTA 3-13-19, [54], S. 6)

Zur Beurteilung der Wirksamkeit der Kompressenbehandlung ist eine Quantifizierung des Salzgehalts im Vergleich zum Vorzustand notwendig. Die Ausgangssituation muss in Voruntersuchungen erfasst werden. Je nach Qualität, Quantität und Löslichkeit der vorhandenen Salze oder Salzgemische sind die erforderlichen Kontaktzeiten der Kompressen mit dem jeweiligen Untergrund unterschiedlich. Es ist möglich, dass mehrere Kompressenbehandlungen, ggf. auch Kombinationen verschiedener Verfahren, z. B. lokal kleinflächige Kompressen und großflächiger Auftrag eines Kompressenputzes, notwendig werden.

Bild 9 zeigt großflächige Feuchte- und Salzschäden an den Reiterreliefs im Innenbereich des Völkerschlachtdenkmals in Leipzig vor der umfassenden Sanierung. Nach umfangreichen Voruntersuchungen erfolgte im Rahmen der Gesamtsanierung des monumentalen Bauwerks zu seinem 100. Jahrestag eine Kompressenbehandlung der Innenoberflächen. Diese wurde aufgrund der enormen Größe der betroffenen Flächen maschinell mit einem mineralischen Kompressenputz ausgeführt (Bild 10). Der geringe Gehalt an löslichen Eigensalzen des eingesetzten, mineralischen Kompressenputzes mit geringer Festigkeit wurde in Vorversuchen erfasst.

Die Detailfläche in Bild 11 veranschaulicht den Salztransport: Neben Schwindrissen sind lokale Salzanreicherungen auf dem abgetrockneten Kompressenputz zu erkennen.

Bild 9: Feuchte- und Salzschäden an den Reiterreliefs im Innenbereich des Völkerschlachtdenkmals

Bild 10: Maschinelles Auftragen des Kompressenputzes

Bild 11: Salzanreicherungen auf dem abgetrockneten Kompressenputz

Die Kompressenbehandlung und die anschließende schonende Reinigung erfolgten hier als Vormaßnahmen vor mineralischen Ergänzungen stark zerstörter Reliefteile und einer abschließenden Beschichtung der gesamten Flächen (Bild 12). Einen Gesamtbericht der anspruchsvollen Konservierungsmaßnahmen im Innenbereich des Völkerschlachtdenkmals enthält der Objektbericht zum Völkerschlachtdenkmal Leipzig [14].

Bild 12: Beschichtetes Reiterrelief nach der Sanierung

3 Sanierputzsysteme nach WTA

3.1 Entwicklung des technischen Regelwerks

Die Anfänge der Sanierputzentwicklung liegen, wie im Vorwort erwähnt, bereits lange zurück. Erste Sanierputze entwickelte D. Schumann Mitte der 1970er-Jahre. Von H. G. Meier unterstützt, ergriff er Ende der 1970er-Jahre die Initiative, eine WTA-Arbeitsgruppe zu gründen, die Anforderungen an Sanierputze festlegen sollte.

Dem ersten WTA-Merkblatt 1-85 *Die bauphysikalischen und technischen Anforderungen an Sanierputze* folgten 1992 das WTA-Merkblatt 2-2-91 *Sanierputzsysteme* und Ende der 90er-Jahre eine Ergänzung (2-6-99/D) dazu: *Ergänzungen zum Merkblatt 2-2-91 Sanierputzsysteme*. Darin wurden die technischen Anforderungen und Prüfkriterien an Sanierputzsysteme beschrieben und Hinweise zur Planung und Verarbeitung gegeben. Das im Jahr 2005 erschienene WTA-Merkblatt 2-9-04/D ersetzte dann die beiden vorherigen Dokumente [48]. In diese Ausgabe wurden Weiterentwicklungen und neue Erkenntnisse eingearbeitet, sowie auch die inzwischen vorliegenden langjährigen Erfahrungen und die Anforderungen der europäischen Norm DIN EN 998-1 berücksichtigt. Die 2003 erschienene Putzmörtel-Norm [39] enthielt erstmalig auch Anforderungen an Sanierputzmörtel. Nach ihrer Einführung stellte sich deshalb die Frage, ob und in wieweit die Unterstützung durch das WTA-Merkblatt für die Baupraxis noch notwendig ist. Im WTA-Merkblatt 2-9-04 [48] fand sich dazu folgender Hinweis:

> *»Bei der Sanierung von feuchtigkeits- und salzbelastetem Mauerwerk ist es wichtig, dass nicht nur Sanierputzmörtel allein, sondern komplette Sanierputzsysteme, deren Einzelkomponenten genau aufeinander abgestimmt sind, zum Einsatz kommen. Dies wird in der Norm nicht berücksichtigt. Die Norm stellt nur ›Mindestanforderungen‹ auf. Das vorliegende WTA-Merkblatt stellt zusätzliche Anforderungen an Sanierputzsysteme. (...) Darüber hinaus werden die für Sanierputzsysteme wichtigen Kennwerte, soweit erforderlich, genauer definiert, ergänzt oder strenger gefasst. Das Merkblatt gibt auch wichtige Hinweise für Verarbeiter/Fachunternehmer. Somit übernimmt es die Aufgabe, die kompletten Systeme zu beschreiben und deren hohe Qualität zu sichern.«* ([48], S. 4)

Den Fachleuten war bewusst, dass die Qualität und damit die Dauerhaftigkeit der Sanierputze nur durch die richtige, objekt- und bauteilbezogene Planung, Materialauswahl und Anwendung der Sanierputzmörtel im System erreicht werden kann.

Bild 13 zeigt in einem Zeitstrahl die Entwicklung der WTA-Sanierputze und die Fortschreibung der WTA-Merkblätter bis 2020.

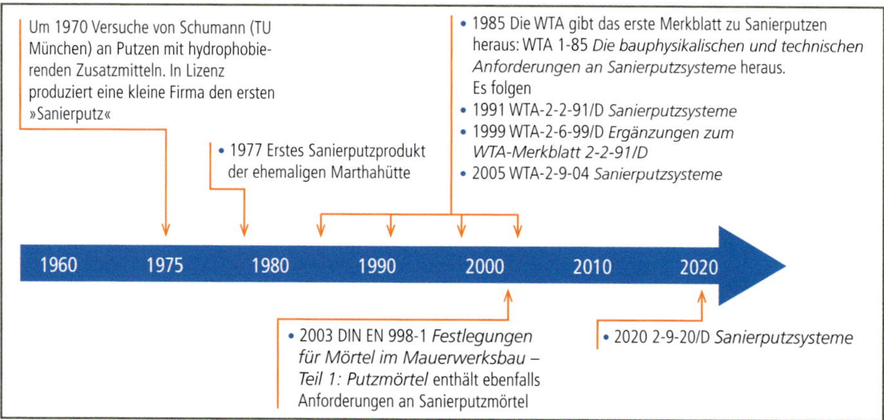

Bild 13: Entwicklung der technischen Regelwerke zu Sanierputzsystemen

Seit dem WTA-Merkblatt 2-2-91 werden Sanierputze, die nach diesem Merkblatt geprüft wurden und alle Anforderungen erfüllen, als *Sanierputz-WTA* bezeichnet.

Den Herstellern ist damit ein Qualitätsstandard vorgegeben. Ausschreibende können auf dieser Grundlage neutrale und anerkannte Produktanforderungen stellen, ohne sich auf schwer nachprüfbare Marketingaussagen verlassen zu müssen. Dabei ist es nicht ausreichend, wenn ein Hersteller angibt, sein Produkt sei nach WTA-Richtlinien geprüft worden. Entscheidend ist, dass alle Anforderungen des WTA-Merkblattes erfüllt werden. Um diesen Nachweis für Planer und Anwender nachvollziehbar zu dokumentieren, hat die WTA beim Deutschen Patentamt die Dienstleistungsmarke WTA als Logo eintragen lassen. Diese Dienstleistungsmarke wird von der WTA für Produkte vergeben, die nach Prüfung durch einen einberufenen Zertifizierungsausschuss alle Anforderungen des aktuellen WTA-Merkblattes erfüllen. Zur Erteilung des Zertifikats muss vom jeweiligen Produkthersteller der Nachweis der Konformität der Eigenschaften nach WTA-Merkblatt und der Nachweis der Eigen- und Fremdüberwachung der Produktion geführt werden[2)].

2 siehe dazu auch https://www.wta-gmbh.de/de/zertifizierung/zertifizierung-von-sanierputzsystemen-gemaess-wta-merkblatt/ (Stand 30.11.2020)

Dadurch wird die Anwendungssicherheit für Sanierputzsysteme erhöht. Planer und Verarbeiter werden entlastet, da Nachprüfungen zur Produktqualität nicht erforderlich sind. Von der Pflicht der richtigen Ausschreibung, fachgerechten Anwendung und Überwachung auf der Baustelle sind sie damit selbstverständlich nicht entbunden.

Das WTA-Merkblatt in seiner aktuellen Fassung vom März 2020 gliedert sich in folgende Abschnitte:

- Definitionen,
- Sanierputzsysteme (Wirkprinzip, Zusammensetzung, Einsatzbereich, Anwendungsgrenzen),
- Anforderungen an Sanierputzsysteme-WTA,
- Planung,
- Prüfverfahren,
- Qualitätssicherung,
- Verarbeitungshinweise,
- Sonstige Anforderungen.

In den folgenden Kapiteln werden wichtige Inhalte des Merkblatts erläutert.

3.2 Definition Sanierputz-WTA

Als Sanierputz-WTA dürfen nur solche Putze bezeichnet werden, die die Anforderungen des Merkblatts WTA 2-9-20/D erfüllen [49]. Sie werden aus Eignungsprüfungsmörteln gemäß DIN EN 998-1:2017 [40] als Werktrockenmörtel hergestellt. Baustellenmischungen, deren Eigenschaften mithilfe von Zusatzmitteln herstellt werden, sind keine Sanierputze-WTA, weil bei diesen Mischungen eine gleichmäßige Zusammensetzung und eine homogene Mischung nicht im ausreichenden Maß sichergestellt werden können. Sanierputze-WTA weisen eine hohe Porosität und Wasserdampfdurchlässigkeit, bei gleichzeitig stark verminderter kapillarer Leitfähigkeit auf. Das hohe Gesamtvolumen und der geringe Kapillarporengehalt werden durch die Auswahl und richtige Dosierung geeigneter Bindemittel, Gesteinskörnungen und Zusätze erreicht. Neben den mechanischen Eigenschaften lassen sich damit auch die Frost- und Salzbeständigkeit des Putzsystems deutlich verbessern.

Zum Sanierputzsystem gehören nach der Definition des Merkblatts ein Spritzbewurf bzw. Spritzbewurf-WTA, ein Grundputz-WTA und ein Sanierputz-WTA sowie ggf. Deckschichten (Oberputz, Farbanstrich). Spritzbewurf und/oder Grundputz können je nach Untergrundbeschaffenheit und Versalzungsgrad in bestimmten baulichen Situationen entfallen. Im Merkblatt wird explizit darauf hingewiesen, diesbezüglich die Empfehlung des Herstellers zu beachten. Kommen Deckschichten zur Anwendung, dürfen diese die Eigenschaften nicht beeinträchtigen ([49], S. 4).

3.3 Funktionsweise

Sanierputzsysteme dienen zum Verputzen feuchter und/oder salzhaltiger Mauerwerke. Ihre Wirkung beruht darauf, dass baustoffschädigende Salze im Putz eingelagert werden. Auf diese Weise gelangen sie nicht an die Putzoberfläche. Um günstige Austrocknungsbedingungen für die oberflächennahen Bereiche des Mauerwerks zu schaffen, besitzen Sanierputzsysteme eine hohe Wasserdampfdurchlässigkeit. Sanierputze-WTA sind keine Sperrputze.

Hauptmerkmale

Die wichtigsten Eigenschaften von Sanierputzen sind:

- geringe kapillare Leitfähigkeit,
- hohe Wasserdampfdurchlässigkeit,
- hohes Porenvolumen bestimmter Porengeometrie und Porengrößenverteilung.

Sanierputze müssen auf Dauer einen Feuchtigkeitsaustausch durch Diffusion ermöglichen. Durch die Erhöhung der Porosität des Putzquerschnittes wird die Diffusionsleistung verbessert. Die Porengeometrie und Porengrößenverteilung müssen so gestaltet werden, dass die Trocknung auch nach langer Zeit durch Salzeinlagerungen nicht behindert wird. Die bewusst gestaltete Porengeometrie und Porengrößenverteilung sind auch dafür verantwortlich, dass bei Salzeinlagerungen und damit verbundener Kristallisation selbst bei Frostangriff keine Putzzerstörungen eintreten. Durch hydrophobierend wirkende Zusatzmittel wird der Wassertransport in den Kapillaren stark reduziert. Dadurch ist gewährleistet, dass die Verdunstungszone nicht an der Putzoberfläche, sondern im Putzquerschnitt liegt (Bild 14). Das ist eine wesentliche Voraussetzung für schadensfreie Putze auf salzhaltigen Untergründen. Die Bindemittelmatrix, die die Gesteinskörnung und Poren umhüllt, muss so gestaltet werden, dass sie den zu erwartenden Salzbelastungen und Frostbeanspruchungen möglichst lange widersteht. Die Praxis hat gezeigt, dass dies nur mit überwiegend hydraulischen Bindemitteln gegeben ist.

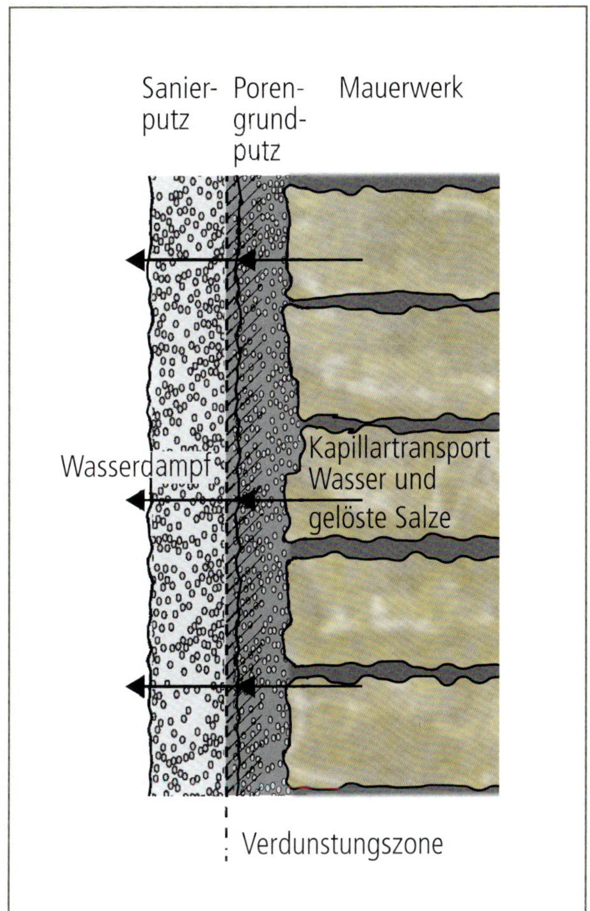

Bild 14: Kapillarer Wasser-/Salztransport in Porengrundputz und Sanierputz (nach [12], S. 20)

Wissenschaftliche Untersuchungen an Sanierputzsystemen haben ergeben, dass die in Sanierputzsystemen vorhandenen verschiedenen Porenarten sich in Bezug auf die Salzeinwanderung unterschiedlich verhalten. Salze belegen vorrangig die Kapillarporen, während die durch Luftporenbildner erzielten Poren (Tensidluftporen) und durch bestimmte Leichtzuschläge eingebrachte Poren andere Effekte zeigen. Untersuchungen von langfristig salzbeaufschlagten Sanierputzen mit dem Rasterelektronenmikroskop (REM) erbrachten, dass die Luftporen kaum, keinesfalls jedoch vollständig mit Salzen gefüllt werden. Es wurden nur teilweise schwache Salzkristallisationen an den Porenwandungen und zum Teil Salzeinwanderungen in bestimmte Leichtzuschläge festgestellt (Bild 15 bis Bild 18).

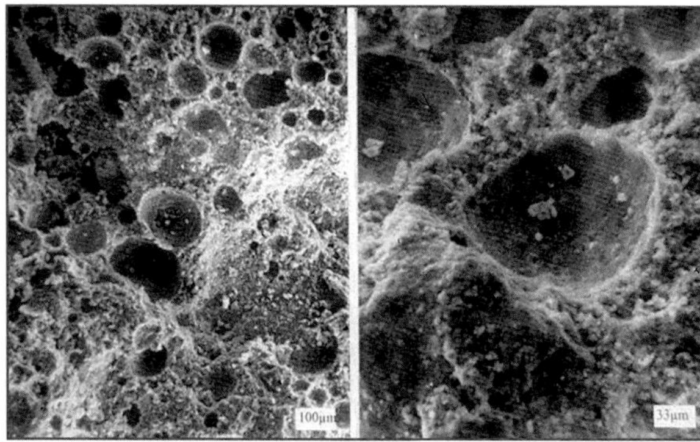

Bild 15: Luftporen im Sanierputzgefüge

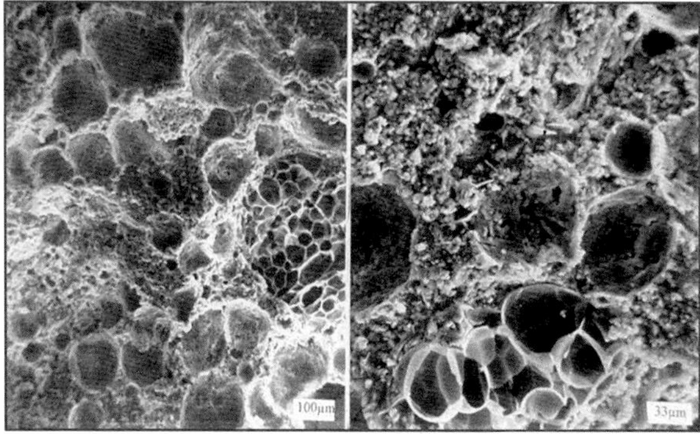

Bild 16: Tensidluftporen und Leichtzuschläge (Perlite)

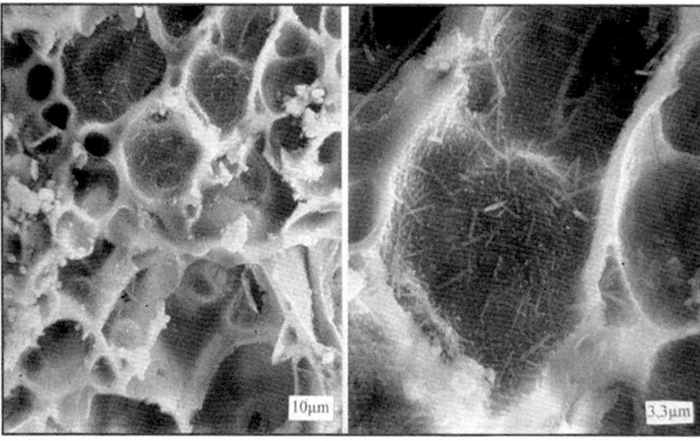

Bild 17: Nitrateinlagerungen im Leichtzuschlag Bims

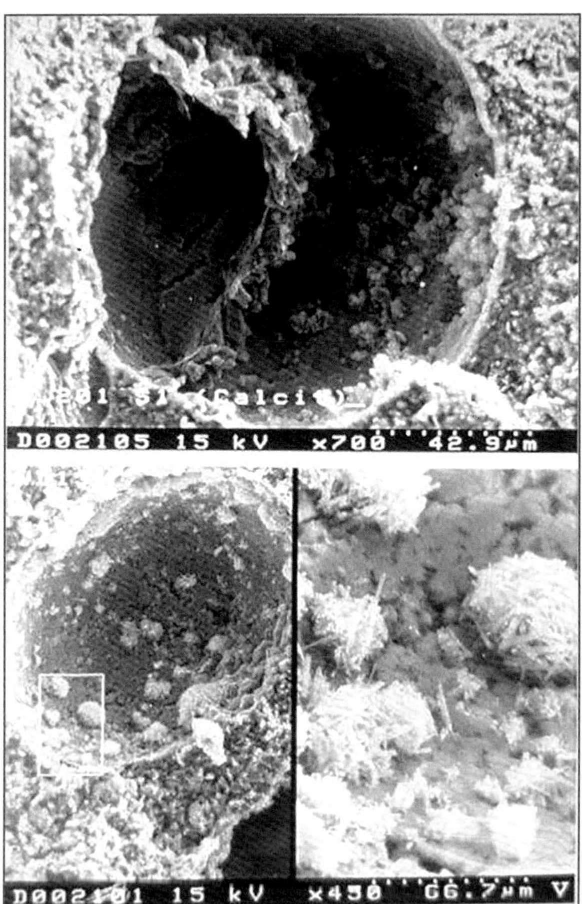

Bild 18: Tensidluftporen nach 490 Tagen Salzbelastung, Calcit- bzw. Gipskristalle

Dies ist ein großer Vorteil, denn sonst würde im Laufe der Zeit die bereits erwähnte, befürchtete Trocknungsblockade eintreten. Die auf Dauer eher geringen kristallinen Salzanreicherungen in den Poren bewirken, dass die günstigen Diffusionseigenschaften über lange Zeit erhalten bleiben. Es ist falsch, trotz mehr als 50 Vol.-% Porenvolumen in den Sanierputzen hohe Salzeinlagerungsraten zu erwarten. Viel wichtiger ist, dass Sanierputze möglichst langfristig ihre guten Diffusionseigenschaften behalten und keine Durchsalzungen und sonstige Schäden an der Oberfläche zeigen. Diese Forderung stellt verständlicherweise auch der Bauherr, wenn das im Vergleich zu einem herkömmlichen Putz teurere Sanierputzsystem eingesetzt wird.

Die im Mauerwerk vorhandenen gelösten Salze werden je nach Umfang der flankierenden Maßnahmen, weiterer Nutzung und vorhandenen Salzarten zum großen Teil im Mauerwerk verbleiben. Auch der durch die Hygroskopizität der

Salze ausgelöste höhere Feuchtegehalt im Mauerwerk wird sich durch die Verwendung von Sanierputzen nicht wesentlich senken lassen. Objektbeispiele zu diesen Themen werden in Kapitel 14 näher beleuchtet.

Selbst wenn über lange Zeit der niedrige Diffusionswiderstand des porigen Putzgefüges erhalten bleibt, ist die Transportleistung durch Diffusion bekanntermaßen wesentlich geringer als durch Kapillarität. Ein saugender Putz mit hoher kapillarer Transportleistung könnte vergleichsweise mehr Feuchtigkeit aus der Wand transportieren, würde aber bei Anwesenheit von Salzen in kürzester Zeit geschädigt. Sanierputze dienen deshalb primär weder einer Entsalzung noch einer Entfeuchtung von Mauerwerken.

Im Laufe von ca. 40 Jahren wurden die Sanierputze durch mehr Erfahrungen und neue Rohstoffe und Zusatzmittel weiterentwickelt. Das 1992 erschienene WTA-Merkblatt 2-2-91 erhielt deshalb den Titel *Sanierputzsysteme*, weil die notwendige dauerhafte Leistungsfähigkeit nur durch ein solches Sanierputzsystem, bestehend aus einem Grundputz WTA und dem Sanierputz WTA, gegeben ist.

Porengrundputz

Eine Art von Grundputz WTA ist der von verschiedenen Herstellern angebotene Porengrundputz. Mit einem Mindestporenvolumen von 45 Vol.-% hat dieser Porengrundputz als Zwischenschicht zwischen dem Mauerwerk und dem eigentlichen Sanierputz die Aufgabe, die Einwanderung von Salzen in den frisch aufgebrachten Sanierputz zu verhindern und im Verlauf der weiteren Putzverfestigung zu begrenzen. Die Salze sollen aus dem Mauerwerk gezielt vorwiegend in den Porenräumen des Grundputzes gespeichert werden.

Diese in logischer Konsequenz entwickelten Sanierputzsysteme haben sich langfristig bewährt.

3.4 Zusammensetzung und Bestandteile von Sanierputzsystemen

Eine langfristige Wirksamkeit der Sanierputze und damit auch Schadenfreiheit erfordert die Einhaltung der Putzmörtelkennwerte in relativ engen Grenzen. Das wiederum setzt eine optimale Zusammensetzung des Grundputzes und Sanierputzes voraus. Dazu gehören Art, Kornform und Kornabstufung der Gesteinskörnung, Art der Bindemittel, Mischungsverhältnis sowie Art und Menge von Zusatzstoffen und Zusatzmitteln.

Die Hersteller sind nicht verpflichtet und in der Regel nicht bereit, über die Angaben in den technischen Merkblättern hinaus die Zusammensetzung ihrer Sanierputzsysteme offenzulegen. Einige Sanierputzhersteller verweisen auf die Muster-Umweltproduktdeklarationen, wo unter anderem die Schwankungsbreite der Zusammensetzung modifizierter Mörtel der Gruppe 1 mit Zement ~ 2 bis 85 %, Füllstoffe ~ 10 bis 90 %, Gips ~ 0 bis 45 %, Zusätze ~ 0 bis 6 % und Dispersionspulver ~ 0 bis 5 % angegeben ist. Aber auch diese Hinweise sind aufgrund der großen Schwankungsbreite und des fehlenden Kalkanteils nicht hilfreich. Diese mangelnde Transparenz führt zu Unsicherheit. Als z. B. ein wissenschaftliches Institut den Auftrag bekam, für ein historisches feuchte- und salzbelastetes Kirchenbauwerk einen geeigneten Außenputz zu entwickeln, kam kein Sanierputz zum Einsatz, weil die Zusammensetzung nicht bekannt war. Ein handelsüblicher, den WTA-Anforderungen entsprechender Sanierputz wurde zwar mit untersucht und erfüllte auch die im Rahmen dieser Untersuchung gestellten Anforderungen, doch der Bauherr entschied sich für den vom Forschungsinstitut entwickelten Mörtel, da dessen Zusammensetzung vom Institut offengelegt wurde, was für den handelsüblichen Sanierputz nicht der Fall war. Mit etwas mehr Offenheit wäre die Zusammenarbeit mit der Denkmalpflege und den Bauherren vielleicht manchmal einfacher und aufwendige, z. T. unnötige »Neuentwicklungen«, die dann in der Regel auch Zement enthalten, könnten in vielen Fällen unterbleiben.

Aus Sicht der Verfasser genügen folgende Angaben:

- Art der Bindemittel (z. B. Kalkhydrat, Portlandzement),
- primäres Bindemittel (z. B. Portlandzement),
- Art der verwendeten Sande (z. B. Quarzsand, Kalksteinbrechsand),
- Korngrößenbereich (z. B. 0–3 mm),
- wenn Leichtzuschläge verwendet werden, die Art der Leichtzuschläge,
- Zusatzmittel (z. B. Luftporenbildner, wasserabweisende Zusatzmittel).

In der Regel liegt der Anteil aller verwendeten Zusatzmittel deutlich unter 1 Masse-%. Demzufolge ist der Begriff »Modifizierter Mörtel« wie man sie z. B. aus der Betoninstandsetzung oder der erwähnten europäischen Umweltdeklaration kennt, nicht anzuwenden.

Die Zusammensetzung von Sanierputzen, die den Anforderungen des WTA-Merkblattes genügen, ist heute Stand der Technik. Der gegenüber üblichen Putzen aus Werktrockenmörteln höhere Preis für die Komponenten eines Sanierputzsystems beinhaltet neben den relativ hohen Kosten für die Entwicklung und Qualitätssicherung auch die notwendigen, durch den Hersteller zu erbringenden Beratungs- und Serviceleistungen.

Die ersten Sanierputze enthielten meist Quarzsande im Kornbereich bis 1 mm, wobei vor allem auf einen gleichmäßigen Feinanteil geachtet werden musste, um stabile Luftporen zu erreichen. Als Bindemittel wurde weißer Portlandzement verwendet, um dem erhärteten Mörtel ein kalkputzähnliches Aussehen zu verleihen und die Überstreichbarkeit zu erleichtern. Seit mehr als 20 Jahren werden auch graue Zemente und Zemente mit hohem Sulfatwiderstand eingesetzt.

Als Luftporenbildner kommen zumeist geeignete Tenside zum Einsatz, die eine Vielzahl kleiner stabiler Luftporen entstehen lassen. Hydrophobierungsmittel, anfangs vorwiegend auf Stearatbasis, setzt man zur Begrenzung der kapillaren Wasseraufnahme ein. In der Anfangszeit wurden diese Mörtel mit einem kräftigen Motorquirl im Mörtelkübel angerührt. Der Verarbeiter konnte an der Konsistenz des Mörtels in etwa erkennen, ob ausreichend Luftporen vorhanden waren. Zunehmend wurden Sanierputze mit modernen Putzmaschinen verarbeitet, was heute dominiert. Es zeigte sich sehr schnell, dass die kurze Mischzeit bei den häufig verwendeten Mischpumpenmaschinen nicht ausreichte, um die erwünschte Luftporenbildung zu gewährleisten. Die auf diese Weise verarbeiteten Sanierputze waren viel zu fest, was unter anderem die Wasserdampfdiffusionseigenschaften ungünstig beeinflusste. Die Anforderungen an Sanierputze konnten so nicht erfüllt werden. Um nicht zwingend einen Nachmischer einsetzen zu müssen, waren die Hersteller gefordert, neue Wege in der Rezeptierung zu gehen. Dementsprechend werden den Trockenmörteln seitdem leichte mineralische Gesteinskörnungen zugegeben, die einen Teil des notwendigen Porenraumes sichern. Die Poren dieser Leichtzuschläge sollten für Salzlösungen und Wasserdampf zugänglich sein. Üblich ist der Einsatz mineralischer Leichtzuschläge wie Perlite, Bims oder Vermiculit, einzeln oder in Kombination z. B. mit Blähglas. Die ausschließliche Verwendung von Blähglas oder organischen Leichtzuschlägen wie Polystyrolhartschaumkügelchen ist weniger geeignet, da deren Porenräume kaum zugänglich sind.

In der Anfangszeit wurden Sanierputze nur auf feuchte Mauerwerke im Innen- und Außenbereich aufgebracht. Besondere Anforderungen an die Wasserrückhaltung der Mörtel waren daher nicht erforderlich. Mit zunehmendem Maschineneinsatz und aufgrund der Erkenntnis, dass Sanierputze auch für den Witterungsschutz exponierter Bauwerke eingesetzt werden können, erfolgte die Applikation auch großflächig auf trockenem, saugfähigen Mauerwerk. Dementsprechend enthält das WTA-Merkblatt seit der Fassung 2-2-91 auch Anforderungen an das Wasserrückhaltevermögen, die durch wasserrückhaltende Zusatzmittel, üblicherweise auf der Basis von Methylcellulosen (Polysaccharide), erreicht werden.

Um den geforderten Mindestluftporenanteil auch zielsicher bei der Maschinenverarbeitung zu erreichen, wurden Sanierputze zeitweise von einzelnen Herstellern mit Gasbildnern oder Treibmitteln rezeptiert, die z. B. durch Wasserstoffabspaltung Poren erzeugen. Ein solcher Gasbildner, bekannt von der Porenbetonherstellung, ist Aluminiumpulver. Da die so erzielte Porenbildung stark temperaturabhängig ist, können sich vor allem bei niedrigeren Temperaturen Probleme einstellen. Ein stabiles Porensystem mit einem ausreichenden und gleichmäßigen Luftporengehalt gezielter Porengrößenverteilung ist jedoch für die Funktionssicherheit der Sanierputze unerlässlich. Auch wenn es heute zertifizierte WTA-Sanierputze mit durch Treibmittel erzeugter Luftporenbildung gibt, hat sich nach Auffassung der Autoren die Porenbildung durch Luftporenbildner bei den Sanierputzen-WTA besser bewährt.

Nach wie vor werden für die Luftporenbildung deshalb vorwiegend spezielle Tenside eingesetzt. Den Anforderungen an die Kennwerte der Sanierputze nach WTA-Merkblatt entsprechend, werden Zusatzmittelkombinationen verwendet, die bei der Maschinenverarbeitung einen möglichst hohen Porenanteil sichern und andererseits bei der Handverarbeitung, mit ggf. intensiverem Mischvorgang, einen zu hohen Luftporengehalt vermeiden. Wird der Luftporengehalt zu hoch, verschlechtert sich die Verarbeitbarkeit und die Putzfestigkeiten werden deutlich reduziert.

Neben den Luftporenbildnern sind die Zusatzmittel, die für die erforderliche Querschnittshydrophobierung zugegeben werden, besonders wichtig. Ziele dieser Zusatzmittel sind sowohl eine schnelle Ausbildung der Hydrophobie als auch eine dauerhafte Hydrophobierung der Putzgefüge. Sanierputze sollen möglichst schnell ihre wasserabweisenden Eigenschaften erreichen, um in der Frühphase ein tiefes Eindringen von Salzlösungen in den Putz oder ein Durchwandern der Salze durch den noch frischen Sanierputz zu verhindern.

Nach wie vor ist die Hauptbindemittelkomponente Portlandzement. Kalkhydrat wird normalerweise nur in geringen Anteilen beigegeben, um die Verarbeitbarkeit, unter anderem die Maschinengängigkeit, zu verbessern.

Um den Bedürfnissen der Denkmalpflege entgegenzukommen, die zum Teil eine starke Aversion gegen Zement hegt, wurden sogenannte Kalksanierputze angeboten. Diese enthalten anstelle des Zements hydraulischen Kalk als Bindemittel. Die Praxis hat aber gezeigt, dass die Kalksanierputze bei vergleichsweise hohem Kalkanteil nur eingeschränkt eingesetzt werden können, da sie bei höheren Salzbelastungen im Mauerwerk oder Salzbelastungen von außen leicht überfrachtet werden und vor allem in Kombination mit Frostbeanspruchung Schäden auftreten können. Bei wissenschaftlichen Untersuchungen hat sich mehrfach bestätigt, dass für die Langzeitbeständigkeit der Sanierputze die Zusammensetzung der Bindemittelmatrix eine ganz wesentliche Rolle spielt. Portlandzemente, auch mit hohem Sulfatwiderstand, haben sich gut bewährt.

Neben natürlichem hydraulischen Kalk werden Sanierputze auch mit Trasszement, Trasskalk oder Trassmehlzusätzen hergestellt. Natürliche Puzzolane wie Trassmehl haben insbesondere bei feuchter Umgebung durchaus eine Berechtigung, erfordern aber eine sorgfältige Nachbehandlung des aufgebrachten Putzes, um die Erhärtungsreaktionen richtig zum »Anlaufen« zu bringen und vor allem »in Gang zu halten«. Sanierputze enthalten immer wasserabweisende Zusatzmittel mit der Wirkung, dass nach der Erhärtung und Trocknung nur noch wenig Feuchtigkeit kapillar aufgenommen wird. Wie bereits erwähnt, ist die schnelle Einstellung der Hydrophobie bei den Sanierputzen wichtig, damit in der Anfangsphase möglichst wenige Salze einwandern können. Die für trasshaltige Putze erforderliche Nachbehandlung ist dadurch kaum mehr möglich. Ersatzweise müsste man diese Putze von Anfang an so feucht halten, dass sich keine Hydrophobie ausbilden kann. Dann fänden aber Salzbewegungen durch den Putz hindurch statt, die man ja gerade vermeiden will.

Diese wichtigen Fakten zur Zusammensetzung sind im aktuellen WTA-Merkblatt wie folgt zusammengefasst:

> *»Bedingt durch ihre Struktur und Funktion müssen Sanierputzsysteme relativ schnell und dennoch sicher erhärten und trocknen. Um diese Anforderungen zu erfüllen, sind Sanierputze-WTA überwiegend hydraulisch gebunden. Kalkhydrat, sofern als wesentliche Bindemittelkomponente eingesetzt, kann erfahrungsgemäß die Anforderungen an Sanierputze-WTA nicht erfüllen. Auch eine überwiegende Verwendung von latenthydraulischen Bindemitteln oder puzzolanischen Stoffen, z. B. von Trassmehlen,*

ist problematisch, da für die sehr langsam ablaufende Abbindereaktion Wasser als Reaktionspartner in Sanierputzen nicht ausreichend lange zur Verfügung steht. Wechselwirkungen des Bindemittels oder dessen Reaktionsprodukten mit Salzen aus dem Untergrund müssen vermieden werden.« ([49], S. 5)

Die zum Sanierputzsystem gehörenden Grundputze enthalten als Bindemittel ebenfalls Zement. Der Kornaufbau des Sandes ist meist etwas gröber als beim Sanierputz. Zur Einstellung des Mindestluftporengehaltes von 20 Vol.-% im frischen Zustand, der auch bei der Maschinenverarbeitung erreicht werden muss, werden ebenfalls Tensidluftporenbildner eingesetzt. Wenn der Hersteller sein Produkt als Porengrundputz deklariert, werden – wie auch bei den Sanierputzen – mineralische Leichtzuschläge beigegeben. Da, im Gegensatz zu den Sanierputzen, bei diesen Unterputzen die Kapillaraktivität notwendig ist, werden in der Regel keine oder weniger wasserabweisende Zusatzmittel zugegeben.

3.5 Anforderungen an Sanierputzsysteme

Das Merkblatt WTA 2-9 enthält Vorgaben, welche Eigenschaften die einzelnen Komponenten eines Sanierputzsystems besitzen müssen, damit sie ihre Aufgabe dauerhaft erfüllen können. Im Folgenden werden die Anforderungen an die Einzelkomponenten beschrieben. Sie gelten gleichermaßen für Laborprüfkörper aus der laufenden Produktion wie für Proben, die an Bauwerken entnommen wurden.

3.5.1 Spritzbewurf

Der Spritzbewurf sichert für das Sanierputzsystem den Haftverbund zum Putzgrund. Dafür muss er selbst fest am Untergrund haften und ausreichend salzbeständig sein. Um das Wirkprinzip des Sanierputzsystems nicht zu gefährden, wird der Spritzbewurf nicht volldeckend, sondern netzförmig aufgebracht.

»Liegt der Grad der Abdeckung des Putzgrundes mit Spritzbewurf unter 50 %, werden an den Spritzbewurfmörtel keine speziellen bauphysikalischen Anforderungen gestellt. Ist der Deckungsgrad des Spritzbewurfes höher oder empfiehlt der Hersteller einen geschlossenen Bewurf, sind besondere Anforderungen zu erfüllen.« ([49], S. 6)

Ein volldeckender bzw. geschlossener Bewurf wird eher selten angewendet, da die Sanierputzsysteme im Querschnitt auf Dauer einen Feuchtigkeitsaustausch auf dem Diffusionswege ermöglichen müssen. Die Anforderungen an den Spritzbewurf sind in Tabelle 4 zusammengefasst.

Tabelle 4: Anforderungen an einen Spritzbewurf–WTA nach WTA-MB 2-9-20, ([49], Tabelle 1)

Eigenschaft	Einheit	Anforderungen WTA
Wassereindringung nach einer Stunde (geprüft an Scheiben)	mm	>5
Wassereindringung nach 24 Stunden (geprüft an Scheiben)	mm	20 (entspricht Dicke des Prüfkörpers)

3.5.2 Grundputz-WTA

Der Grundputz-WTA ist ein systemzughöriger Unterputz und Ausgleichsputz. Er wird zum Ausgleich grober Unebenheiten des Putzgrundes verwendet und dient als Salzspeicher bei besonders hoher Untergrundversalzung (siehe auch Porengrundputz-WTA). Sanierputze-WTA können als Grundputze verwendet werden, wenn die gesamte Putzdicke 40 mm nicht wesentlich übersteigt. Ausgenommen davon sind Fugen. Tabelle 5 zeigt die Anforderungen an Grundputz-WTA (Ausgleichsputz-WTA und Porengrundputz-WTA).

Tabelle 5: Anforderungen an einen Grundputz–WTA (gemäß Tabelle 2 des WTA-MB 2-9-20, [49])

Eigenschaft	Einheit	Anforderungen WTA
Frischmörtelkonsistenz (Ausbreitmaß)	mm	170 ± 5
Luftgehalt	Vol.-%	>20
Trockenrohdichte	kg/m³	<1.400 (Richtwert)
Druckfestigkeit	N/mm²	≥Druckfestigkeit Sanierputz
kap. Wasseraufnahme nach 24 h (Scheiben)	kg/m²	>1,0
Wassereindringung (Scheiben)	mm	>5

Eigenschaft	Einheit	Anforderungen WTA
Koeffizient Wasserdampfdurchlässigkeit (µ-Wert)	—	<18
Porosität Ausgleichsputz	Vol.-%	>35
Porosität Porengrundputz		>45

Der angegebene Luftporengehalt von 20 Vol.-% ist der Mindestgehalt und muss auch erreicht werden, wenn Putzmaschinen eingesetzt werden. Der Mindestwert für die kapillare Wasseraufnahme nach 24 Stunden von 1.0 kg/m^2 soll gewährleisten, dass der Grundputz kapillar Wasser aufnehmen kann. In die gleiche Richtung zielt die Forderung, dass die Wassereindringtiefe über 5 mm liegen muss. Bezeichnet ein Hersteller seinen Grundputz als Porengrundputz, muss dieser ein erhöhtes Mindestporenvolumen von 45 Vol.-% aufweisen.

Einige Hersteller bieten für besonders unregelmäßige Untergründe mit Fehlstellen oder großen Dickenschwankungen, die Putzdicken über 40 mm erfordern würden, zusätzlich einen systemzugehörigen Egalisiermörtel an.

3.5.3 Sanierputz-WTA

Sanierputze-WTA sind die Oberputze des WTA-Sanierputzsystems, können aber, je nach Untergrundbedingungen, auch als Unterputze eingesetzt werden. Sie werden in einer Mindestdicke von 20 mm aufgetragen, wobei bei mehrlagiger Ausführung jede Lage mindestens 10 mm dick sein muss. Die Mindestdicke des Sanierputzes kann sich auf 15 mm verringern, wenn der Sanierputz in Kombination mit einem Porengrundputz-WTA appliziert wird. Tabelle 6 veranschaulicht die Anforderungen an Sanierputze-WTA.

Tabelle 6: Eigenschaften von Sanierputz-WTA (WTA-MB 2-9-20, [49], Tabelle 3)

Eigenschaft Eigenschaft	Einheit	Anforderungen WTA
Frischmörtelkonsistenz (Ausbreitmaß)	mm	170 ± 5
Frischmörtelrohdichte	kg/m^3	dekl. Bereich
Luftgehalt	Vol.-%	> 25

Eigenschaft Eigenschaft	Einheit	Anforderungen WTA
Wasserrückhaltung	%	> 85
Trockenrohdichte	kg/m³	< 1.400 (Richtwert)
Druckfestigkeit	N/mm²	1,5 bis 5,0
Biegezugfestigkeit	N/mm²	Keine Anforderung Prüfergebnisse angeben
Festigkeitsverhältnis Druck-/Biegezugfestigkeit	—	< 3
kap. Wasseraufnahme nach 24 h (Scheiben)	kg/m²	> 0,3
Wassereindringung (Scheiben)	mm	< 5
Koeffizient Wasserdampfdurchlässigkeit (μ-Wert)	—	< 12
Porosität	Vol.-%	> 40
Salzresistenz	—	bestanden

Der Mindestluftporengehalt im Frischmörtel von 25 Vol.-% muss auch bei Anwendung von Putzmaschinen sicher erreicht werden. Die Anforderung an das Wasserrückhaltevermögen >85 % ist vor allem wichtig, wenn Sanierputze ohne Grundputz direkt auf trockene Untergründe aufgebracht werden. Die kapillare Wasseraufnahme ist geringer als bei den Grundputzen-WTA, sollte jedoch größer als 0,3 kg/m² sein. Diese Forderung soll gewährleisten, dass Sanierputze eine geringe kapillare Wasseraufnahme zulassen. Um die Funktion des Systems zu sichern, darf die Wassereindringtiefe – trotz eines gewissen notwendigen Maßes an kapillarer Wasseraufnahme – nicht größer als 5 mm sein.

Bezüglich möglicher Abweichungen zwischen Laborprüfkörpern und Bauwerksproben sind im WTA-Merkblatt 2-9-20 folgende Hinweise zu finden:

> Die Festmörtelanforderungen »*(...) gelten für labormäßig hergestellte Prüfkörper, deren Ausgangsmaterial der laufenden Produktion entnommen wurde. Auch Proben, welche nach der Erhärtung am Bauobjekt entnommen wurden, müssen die Anforderungen an die Rohdichte, Festigkeit, kapillare Wasseraufnahme, Wassereindringung und Porosität erfüllen.*« ([49], S. 6)

Die Anforderungen werden in Kapitel 7.4 und in der Tabelle 9 des Merkblatts näher beschrieben.

Bild 19 bis Bild 22 zeigen die Laborprüfungen, die für den Nachweis der notwendigen Kennwerte aller systemzugehörigen Sanierputzprodukte durchgeführt werden.

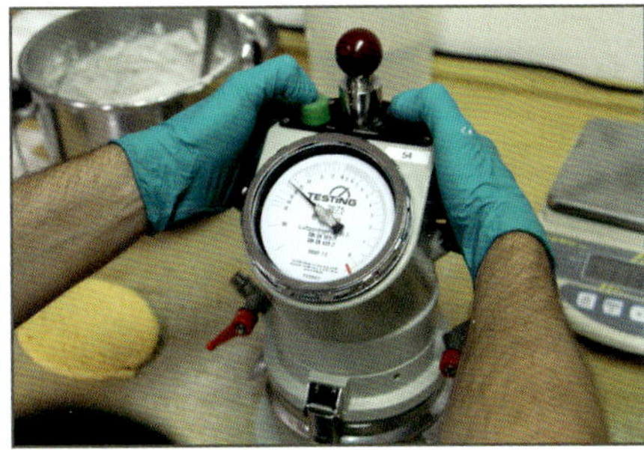

Bild 19: Prüfung des Luftporengehaltes am Frischmörtel

Bild 20: Vorbereitung zur Prüfung des Wasserrückhaltevermögens

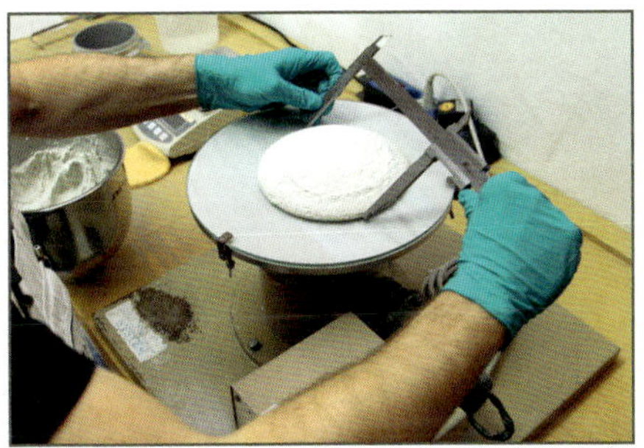

Bild 21: Prüfung des Ausbreitmaßes am Frischmörtel

Bild 22: Prüfung der kapillaren Wasseraufnahme am Festmörtel

Prüfung der Salzbeständigkeit

Eine Mörtelprüfung, die bei Sanierputzen zusätzlich durchgeführt werden muss, ist die Prüfung auf Salzbeständigkeit. Sie wurde eigens für die Sanierputze entwickelt. Dazu werden die getrockneten und seitlich abgedichteten Sanierputzscheiben mit der Scheibenunterseite in eine definierte Salzlösung gelegt (Bild 23). Diese Lösung, auch als »WTA-Salzlösung« bezeichnet, besteht aus 35 g Natriumchlorid, 5 g Natriumsulfat (wasserfrei) und 15 g Natriumnitrat. Das heißt, die Lösung enthält häufig vorkommende Ionen bauschädlicher Salze aus den Gruppen der Chloride, Sulfate und Nitrate. Dabei wird der Angriffsgrad bewusst überhöht, indem die Lösung die mehrfache Menge an Salzen enthält, die in der Praxis als schadensrelevant erachtet wird.

Bei der Prüfung wird im gesamten Prüfzeitraum so viel Salzlösung nachgegeben, dass die Scheibenunterseite ständig benetzt ist (Bild 24). Die Bewertung erfolgt nach zehn Tagen. Dazu werden die Prüfkörper entnommen, mittig gebrochen und visuell beurteilt, ob die Salzlösung bis an die Oberfläche durchgedrungen ist.

> »*Erfahrungsgemäß wird eine Scheibe aus herkömmlichem Kalkzementputz (Vergleichsputz) bei dieser Prüfung spätestens nach 1 Stunde von der Salzlösung durchdrungen. Ein Sanierputz-WTA hat die Prüfung bestanden, wenn er nach 10 Tagen nicht durchdrungen ist. Das entspricht dem Vielfachen an Resistenz gegenüber dem Vergleichsputz.*« ([49], S. 14)

Bild 23: Prüfung der Salzresistenz am Festmörtel mit WTA-Salzlösung

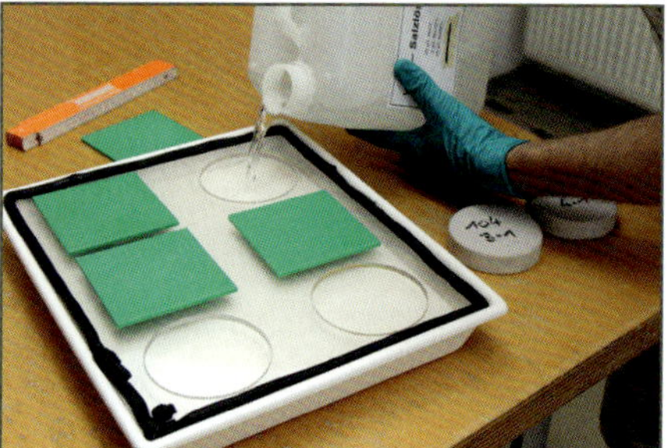

Bild 24: Im gesamten Prüfzeitraum wird so viel Salzlösung nachgegeben, dass die Scheibenunterseite ständig benetzt ist.

3.6 Qualitätssicherung und Zertifizierung

Die Herstellung von Spritzbewurf-WTA, Grundputz-WTA und Sanierputz-WTA muss einer ständigen werkseigenen Produktionskontrolle und einer Fremdüberwachung unterliegen. Die Fremdüberwachung muss durch dafür autorisierte anerkannte Prüfinstitute bzw. Überwachungsvereine erfolgen. Im Rahmen der Fremdüberwachung werden die personellen und technischen Voraussetzungen für die ordnungsgemäße Herstellung, eine entsprechende werkseigene Produktionskontrolle und eine ausreichende Gebindekennzeichnung überprüft und bewertet. Es muss nachgewiesen werden, dass alle Anforderungen des WTA-Merkblattes erfüllt werden.

Um die Sanierputze-WTA (mit höheren Anforderungen) von den Sanierputzen gemäß DIN EN 998-1 [40] abzugrenzen und »(...) *um den Missbrauch des Namens zu unterbinden, hat die WTA sowohl die Buchstabenfolge »WTA« als auch eine Dienstleistungsmarke WTA unter der Nummer 39516 411 bzw. 39516 412 beim Deutschen Patentamt eintragen lassen*« ([49], Anlage A).

Auf Antrag wird diese Dienstleistungsmarke (Bild 25) von einem, von der WTA einberufenen, unabhängigen Zertifizierungsausschuss den Sanierputz-Produkten zuerkannt, die alle im WTA-Merkblatt genannten Anforderungen erfüllen. Dadurch wird die Anwendungssicherheit für Sanierputzsysteme, zumindest was die Produktqualität betrifft, erhöht. Ausschreibende und Anwender werden entlastet, da keine weiteren Nachprüfungen erforderlich sind.

Bild 25: Buchstabenfolge »WTA« und Dienstleistungsmarke WTA

4 Notwendige Voruntersuchungen

4.1 Bestandserkundung

Wesentliche Voraussetzung für den Erfolg von Instandsetzungsmaßnahmen ist die fachkundige Bewertung des betreffenden Bauwerks oder Bauteils einschließlich seiner Bausubstanz. Durch geeignete Voruntersuchungen können auch mögliche Schäden erfasst und deren Ursachen erkannt werden. Das trifft selbstverständlich auch für Maßnahmen in Verbindung mit Sanierputzsystemen zu. Ob Sanierputze zielgerichtet, in Erwartung eines langfristigen Sanierungserfolges, eingesetzt werden können, hängt vom Objekt, dessen Nutzung sowie von den klimatischen und bauphysikalischen Randbedingungen ab. Entsprechende Voruntersuchungen müssen Aufschluss über die Feuchtigkeitsursachen und die Salzbelastung im Mauerwerk geben. Nur in Ausnahmefällen, z. B. wenn es sich um kleinere Flächen handelt, kann die Erfahrung des Experten nach visueller Begutachtung vor Ort ausreichen.

Als erster Schritt ist immer eine Inaugenscheinnahme des Objektes und dessen Umgebung notwendig. Dabei können unter Umständen bereits wesentliche Einflüsse auf das Schadensbild erfasst werden, z. B. wenn eine defekte Regenwasserableitung zu partiellen Durchfeuchtungen geführt hat oder sich dunkle Verfärbungen im Spritzwasserbereich eines Gebäudesockels zeigen.

Notwendige Untersuchungen

Da die Schäden durch Salze immer im Zusammenhang mit Feuchtetransporten stehen, sind gemäß [49] vor einem geplanten Einsatz von Sanierputzsystemen folgende Untersuchungen notwendig:

- Ermittlung der Feuchtigkeitsgehalte und der Feuchtigkeitsursachen,
- Bestimmung der wasserlöslichen, baustoffschädigenden Salze,
- Erfassung der Art und des Zustands des zu verputzenden Mauerwerks.

Die Klimaverhältnisse, insbesondere häufig wechselnde klimatische Randbedingungen in Innenbereichen, können die schädigende Wirkung von Salzen maßgeblich beeinflussen. Darauf wird in Kapitel 9 noch näher eingegangen.

4.2 Feuchtetransport und Feuchtemessungen

Feuchte kann auf unterschiedliche Weise von kapillarporösen Baustoffen aufgenommen und transportiert werden, unter anderem durch:

- kapillare Wasseraufnahme, z. B. aufsteigende Feuchte,
- Wasseraufnahme durch Bodenfeuchte, Sickerwasser und drückendes Wasser (z. B. gestautes Sicker- oder Hangwasser),
- Wasseraufnahme aufgrund von Schlagregen,
- Eindringen von Wasser über Fehlstellen, Risse oder Fugen,
- hygroskopische Feuchteaufnahme,
- Wasseraufnahme aufgrund von Kondensation oder Kapillarkondensation.

Seltener kann eine Feuchteerhöhung auch durch Osmose verursacht werden, z. B. bei beschichteten Baustoffen.

Den Feuchtetransport in Baustoffporen durch Kapillartransport und Wasserdampfdiffusion veranschaulicht Bild 26.

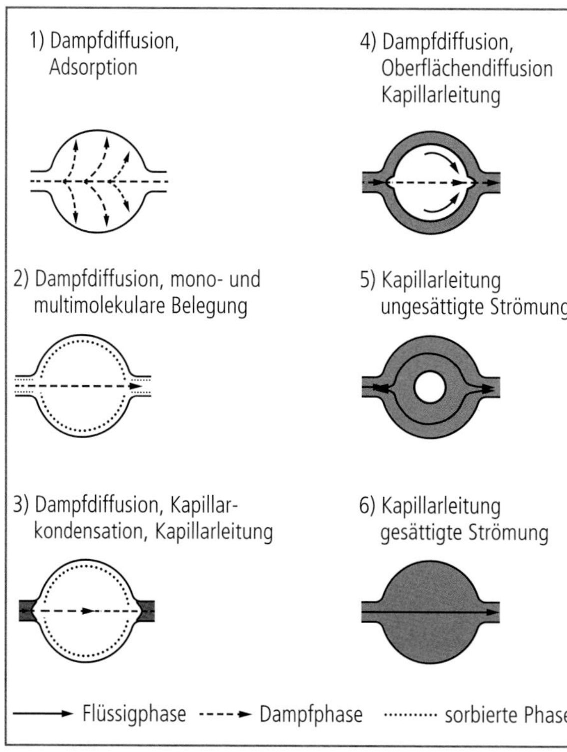

Bild 26: Sorptionsstadien und dabei auftretende Transportprozesse bei zunehmender Befeuchtung in anorganischen, porösen Baustoffen. (nach [22], S. 77)

In offenen, nahezu trockenen Poren (Kapillarporen und Luftporen) bewegt sich Wasserdampf ausschließlich durch Dampfdiffusion (1). Nimmt die Luftfeuchte zu, wird ein Teil des Wasserdampfs an den Porenwandungen sorbiert, der Weitertransport erfolgt über Diffusion. Erst wenn der Wasserdampf an den Porenwandungen kondensiert (3), kommt zur Diffusion die Kapillarleitung hinzu, das heißt der Transport in der Flüssigphase. Mit zunehmender Feuchte nimmt der Flüssigwassertransport in den Poren gegenüber der Dampfdiffusion zu (4), bis nur noch Wasser in gesättigter und ungesättigter Strömung kapillar weitergeleitet wird (5, 6). Bis zu einem bestimmten Porenfüllgrad handelt es sich um Feuchte im Sinne von Wasserdampf, ab höheren Porenfüllgraden um Wasser. Die Transportleistung durch Kapillartransport ist deutlich höher als bei Dampfdiffusion. Für die Trocknung von feuchten porösen Mauerwerksbaustoffen bedeutet dies, dass die anfängliche Trocknung nach Porensättigung durch Kapillarleitung schnell erfolgt, während die Trocknung bis zur Ausgleichsfeuchte unter den jeweiligen außen- oder raumklimatischen Verhältnissen – nach dem Übergang zur Diffusion – länger dauert.

4.2.1 Zerstörungsfreie Feuchtemessungen

Elektrische Messungen

Um die Bausubstanz zu schonen und möglichst wenige zerstörende Eingriffe vorzunehmen, werden insbesondere in der Denkmalpflege bevorzugt zerstörungsfreie Messverfahren eingesetzt. Zerstörungsfreie Prüfverfahren ermitteln den eigentlichen Messwert indirekt, sind mit größeren Messunsicherheiten verbunden und können in der Regel keine Profile der Messwerte in der Bauteiltiefe erfassen. Deshalb werden sie in der Praxis häufig mit zerstörenden Prüfverfahren kombiniert.

Für Feuchtemessungen im oberflächennahen Bereich werden für unterschiedliche Baustoffgruppen seit Langem eine Reihe von handlichen Messgeräten auf der Grundlage elektrischer Widerstandsmessungen oder kapazitiver Messungen eingesetzt. Die Feuchtemessung mittels elektrischer Widerstandsmessung beruht auf der Reduzierung des Widerstandes bei ansteigender Bauteilfeuchte. Die baustoffspezifische Feuchtemessung beim kapazitiven Verfahren ist aufgrund des großen Unterschieds zwischen der Dielektrizitätskonstante von Wasser gegenüber der von trockenen Baustoffen möglich. Da vorhandene Salze oder Metallteile die Ergebnisse dieser Messmethoden stark beeinflussen können, sind sie nur bedingt und nicht als alleinige Messmethode geeignet. Wie sich z. B. für die Messung der Belegereife im Estrichbereich gezeigt hat, können diese zerstörungsfreien, indirekten Methoden unterstützend bei der Eingrenzung und Auswahl der Probenentnahmestellen eingesetzt werden.

Bauradar

Mit dem zerstörungsfreien Radarverfahren kann ergänzend zu Erkundungen des Mauerwerksgefüges das flächige Ausmaß von Durchfeuchtungen an einem Bauteil erfasst werden. Die Messungen erfassen nicht nur den Zustand an der Oberfläche, wie bei den zuvor genannten Verfahren, sondern den gesamten Mauerquerschnitt. Deshalb ist das Verfahren als Basis für eine gezielte quantitative Feuchtegehaltsbestimmung, Ortung von Feuchtequellen und Salzanalysen nach gezielter Probenahme entsprechend den Radarbefunden sehr gut geeignet.

Stark durchfeuchtete Bereiche können erkannt werden, da im Vergleich zu normal feuchten Bereichen eine deutlich geringere Geschwindigkeit der elektromagnetischen Radarwellen ermittelt wird [13]. Reflektoren, wie z. B. Wandrückseiten, zeichnen sich in feuchten Bereichen mit einer deutlich verlängerten Wellenlaufzeit in den Radargrammen ab, ohne dass die untersuchte Wand an dieser Stelle tatsächlich dicker ist (siehe blauer Bereich im Beispielradargramm im Bild 27). Darüber befindet sich ein Bereich mit Salzbelastung, der im Bild schraffiert dargestellt ist. Auch wenn Qualität und Quantität der Salze mit dieser Methode nicht erfasst werden, ist sie ein geeignetes Hilfsmittel zur Ortung bzw. Eingrenzung salzbelasteter Bereiche, in denen dann, wie oben erwähnt, gezielt Proben für weitere Untersuchungen entnommen werden können.

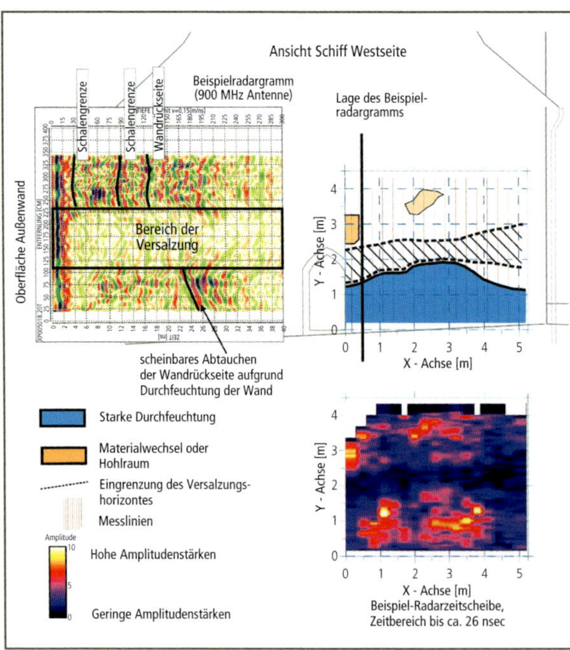

Bild 27: Radargramm an einer Wand mit unterschiedlich hoher Feuchte- und Salzbelastung

Neutronensonde (Troxler-Sonde)

Auch mit einer Isotopensonde (nach dem Hersteller auch als Troxler–Sonde bezeichnet) kann die Materialfeuchte mithilfe von Radioisotopen bis in eine Tiefe von ca. 30 cm gemessen werden. Der im Baubereich eingesetzte Neutronenstrahler sendet Neutronen aus, die in das Material eindringen und an Wasserstoffatomen abgebremst werden. Je stärker die Abbremsung ist, desto höher ist der Feuchtegehalt in diesem Bereich.

Bauthermografie

Für den Fall, dass die zu untersuchenden Bauteile Temperaturdifferenzen beidseitig der Wände aufweisen, kann für eine flächige Lokalisierung feuchter Bereiche auch die Methode der Infrarot-Thermografie eingesetzt werden. Mithilfe der Bauthermografie als bildgebendem Verfahren werden Oberflächentemperaturen von Bauteilen anhand der Intensität deren ausgesendeter materialabhängiger Infrarotstrahlung erfasst. Die ausgesendete Infrarotstrahlung hängt nur vom Emissionsgrad der Oberfläche und deren Oberflächentemperatur ab. Ist die Oberfläche selbst nicht feucht, so ist bei gleichem Material auch der Emissionsgrad gleich. Feuchte im Material verändert dessen Wärmeleitfähigkeit deutlich. Das wiederum führt, je nach Beaufschlagung mit Wärme, zu unterschiedlichen Oberflächentemperaturen, weil die Wärme, je nach Feuchtegehalt der Bausubstanz, schneller oder langsamer abgeführt wird.

Diese Unterschiede sind mit Infrarotkameras erkennbar und können bei homogener Bausubstanz sowie bekannten Umwelteinflüssen und Randbedingungen als Feuchte interpretiert werden. Dadurch kann das Verfahren mit unmittelbarer Abbildung an der IR-Kamera vor Ort für eine gezielte Wahl der Probenentnahmestellen genutzt werden. Bild 28 und Bild 29 zeigen den gleichen Spritzwasserbereich an einer Hauswand. Während im Taglichtbild (Bild 28) keine Veränderungen am Sockelputz zu erkennen sind – außer einer leichten gelblichen Färbung im unteren Bereich – lässt die IR-Aufnahme auf Stellen mit lokal erhöhter Feuchte schließen.

Bild 28: Keine Veränderungen am Sockelputz erkennbar

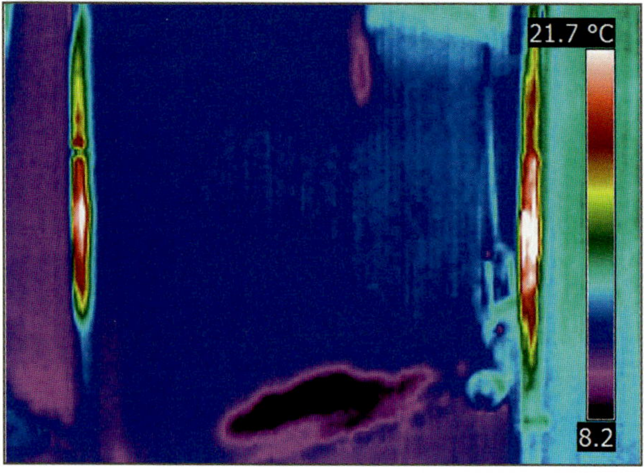

Bild 29: Das Wärmebild lässt bei bekannter Bausubstanz auf lokal erhöhte Feuchte schließen.

4.2.2 Feuchtemessungen an Baustoffproben

Für Feuchtemessungen werden den feuchte- und salzgeschädigten Mauerwerksbereichen gezielt repräsentative Proben entnommen, die Rückschlüsse auf die Ursachen der erhöhten Feuchtigkeit und der Salzbelastung zulassen. Steinmaterial und Mauer- bzw. Fugenmörtel müssen separat beprobt werden. Soweit vorhanden, sollte auch der Putz mit untersucht werden.

Die Proben sind luftdicht zu verpacken, zu kennzeichnen und mit den bei der Probenahme herrschenden Klimadaten (Lufttemperatur, Materialoberflächentemperaturen, relative Luftfeuchte etc.) zu dokumentieren. Die Probenahme erfolgt an geeigneten Stellen des Objekts in verschiedenen Höhen und aus verschiedenen Tiefen des Mauerwerks, da sich nur durch Feuchteprofile die oben genannten möglichen Feuchteursachen voneinander abgrenzen lassen. Die Proben können als Kratzprobe (Oberfläche), durch Trockenbohrung, Freistemmen oder in Form von Ausbaumaterial entnommen werden.

Weitere Hinweise zu Probenentnahme, Untersuchungsmethoden und zur Bewertung der Ergebnisse gibt das WTA-Merkblatt 4-5-99/D *Beurteilung von Mauerwerk – Mauerwerksdiagnostik* [55].

Bei der direkten Feuchtemessung an Mauerwerksproben ist zwischen der vor Ort möglichen CM-Messung und der Messung mittels Wäge-Darr-Methode im Labor zu unterscheiden.

Die CM-Messung beruht auf der Reaktion von Calciumcarbid mit dem freien Wasser der Baustoffprobe zu Calciumhydroxid und Acetylen. Durch den Druckanstieg bei der Gasbildung im geschlossenen Behälter kann der Feuchtegehalt erfasst werden. Das bewährte Prüfverfahren ist in der Literatur vielfach beschrieben, unter anderem in WTA-4-11-02/D *Messung der Feuchte von mineralischen Baustoffen* [59], in DIN 18560-1 *Estriche im Bauwesen* [34], im Merkblatt *Gipsputze und gipshaltige Putze auf Beton* [24] und der ZTV-ING, Teil 3, Abschnitt 4 [25].

Auf die Wäge-Darr-Methode wird im nächsten Kapitel zum Thema Feuchtegehalt eingegangen.

Feuchtemessung

Baustellentaugliche elektronische Feuchtigkeitsmessgeräte gestatten eine einfache und schnelle Orientierung, wo sich feuchte Bereiche befinden und ob große Feuchteunterschiede vorhanden sind. Die Messung erfasst jedoch nur oberflächennahe Bereiche und kann durch Fremdeinwirkungen (Salze, Metalle etc.) verfälscht werden. Sichere Messwerte für die Auswahl der Sanierungsmaßnahmen – auch mit Tiefen- bzw. Höhenprofilen – sind nur mit der Wäge-Darr-Methode an geeigneten Bauwerksproben möglich.

4.2.3 Feuchtekennwerte: Sättigungsfeuchte, Durchfeuchtungsgrad und hygroskopische Feuchteaufnahme

Der Feuchtegehalt u bezeichnet das Verhältnis der Masse des physikalisch gebundenen und freien Wassers eines Baustoffs (m) zur Masse im trockenen Zustand (m_0). Der Feuchtegehalt u wird im Labor mittels Wäge-Darr-Methode erfasst und bevorzugt in Masse-% angegeben.

$$u = \frac{m - m_0}{m_0} \cdot 100\,\% \text{ in Masse-\%}$$

Um zu vermeiden, dass ein Teil des chemisch gebundenen Wassers des Baustoffs oder der Salzbelastung (= Hydratwasser) miterfasst wird, sind die Trocknungstemperaturen materialspezifisch zu wählen.

Die ermittelten Feuchtegehalte der Baustoffproben allein sind für die Bewertung des Feuchtezustands des salzbelasteten Bauteils nicht ausreichend. Dafür ist die Kenntnis der im Folgenden beschriebenen weiteren Baustofffeuchtekennwerte erforderlich – unter Berücksichtigung der Klimabedingungen der Umgebung.

Durch längere Lagerung unter Wasser oder bei Druckwassereinwirkung können alle Poren eines Baustoffs mit Wasser gefüllt werden. Der Baustoff erreicht so seinen maximalen Wassergehalt bzw. die sogenannte Sättigungsfeuchte u_{max}.

Bei alter Bausubstanz, insbesondere Mörteln und Steinen mit geringer Kohäsion und Festigkeit, z. B. lehm- oder luftkalkgebundenen Mörteln, kann es passieren, dass der Zusammenhalt der Probe durch die Wassereinwirkung verloren geht. In diesen Fällen ist die Wägung nach der Wasserlagerung nach einer Filtration durchzuführen (nach vorheriger Erfassung des Filtergewichts im trockenen Zustand). Bei sehr hohen Salzgehalten im Baustoff kann der Messwert nach der Wasserlagerung durch Lösevorgänge verfälscht werden.

Durchfeuchtungsgrad

Der Durchfeuchtungsgrad beschreibt das Verhältnis des massebezogenen Feuchtegehalts u zur Sättigungsfeuchte u_{max} des Baustoffs.

$$DFG = u/u_{max} \cdot 100\,\%$$

Der Durchfeuchtungsgrad gibt an, welcher prozentuale Anteil des Porenvolumens zum Zeitpunkt der Probenentnahme mit Wasser gefüllt war. Da die Ausgleichsfeuchtegehalte bei verschiedenen porösen Baustoffen bei gleichem Klima sehr unterschiedlich sein können (vergleiche z. B. saugfähige Ziegel mit Klinkern hoher Rohdichte), gibt erst der Durchfeuchtungsgrad Auskunft darüber, ob und in welchem Umfang der Baustoff feuchtebelastet ist.

Hygroskopische Feuchteaufnahme

Durch die Salzbelastung eines Baustoffs wird die Sorption, das heißt die Feuchteaufnahme aus der Umgebungsluft, deutlich zu höheren Feuchtegehalten verändert, was als hygroskopische Feuchteaufnahme bezeichnet wird. Deshalb ist an Proben aus dem salzbelasteten Bauteil zu prüfen, ob die vorhandenen erhöhten Feuchtegehalte im Mauerwerk vorwiegend auf die Hygroskopizität der Salze zurückzuführen sind. Die Messung der hygroskopischen Feuchtigkeit erfolgt in Klimakammern, z. B. bei relativen Luftfeuchten von 85 bis 90 % und einer Temperatur von 20 °C, oder in Exsikkatoren über definierten Salzlösungen. Die Messung bis zum Gleichgewichtszustand bei der jeweiligen relativen Luftfeuchtigkeit nimmt in der Regel mehrere Wochen in Anspruch.

Feuchteprofile und -bilanzen

Weil sich der Feuchtegehalt im Mauerwerk nicht ohne Weiteres direkt der möglichen Feuchteursache, wie z. B. aufsteigender Feuchte, zuordnen lässt, sind »Bilanzen« mit den beschriebenen Feuchtekennwerten und Feuchteprofile über die Bauteilquerschnitte und in verschiedenen Höhen zu erstellen. Zusammengefasst sind zur Bewertung des Feuchtezustands einer Mauerwerksprobe – getrennt für den Mörtel und den Mauerstein – folgende Messungen notwendig:

- Bestimmung des Feuchtigkeitsgehaltes in Masse-%,
- Bestimmung der Sättigungsfeuchte (SF) in Masse-%,
- Berechnung des Durchfeuchtungsgrades des Mauerwerkes (DFG) in %,
- Bestimmung der hygroskopischen Gleichgewichtsfeuchte in Masse-%,
- Berechnung des hygroskopischen Durchfeuchtungsgrades (DFGhygr) in %.

Prozentangaben bei Feuchtekennwerten

Die Angabe von Wasseraufnahme und Feuchtegehalt in Masse-% kann insbesondere bei Baustoffen mit geringer Rohdichte irreführend sein, wenn die Rohdichte des dazu kommenden Wassers größer als die des porösen Baustoffs ist. Dazu ein Beispiel: Eine Ziegelprobe und eine Porenbetonprobe haben den gleichen massebezogenen Feuchtegehalt, z. B. 10 Masse-%. Man könnte denken, dass der absolute Feuchtegehalt gleich groß und damit vergleichbar ist. Rechnet man in Vol.-% um, wird der Irrtum offensichtlich.

Ziegel: Rohdichte z. B. = 2000 kg/m^3 = 2,0 g/cm^3

10 Masse-% · 2,0 = 20 Vol.-%

Der Ziegel enthält 20 Vol.-% Wasser. Das bedeutet 200 l/m^3.

Porenbeton: Rohdichte z. B. = 600 kg/m^3 = 0,6 g/cm^3

10 Masse-% · 0,6 = 6 Vol.-%

Der Porenbeton enthält also 6 Vol.-% Wasser. Das bedeutet 60 l/m^3.

Zur besseren Vergleichbarkeit kann es deshalb hilfreich sein, Feuchtegehalt und Wasseraufnahme auch in Vol.-% anzugeben.

4.2.4 Bewertung

Durchfeuchtungsgrade können z. B. nach Tabelle 7 bewertet werden. Die Einstufung erfolgt halbquantitativ von 20 Masse-% als »keine Belastung« bis >75 Masse-% als »extreme Belastung« und wird genutzt, um gezielt Maßnahmen in Abhängigkeit von der Nutzung der entsprechenden Räume oder Bauteilabschnitte planen zu können. Gegliedert nach der Bauwerksart (Denkmal, Altbau mit unterschiedlichen Nutzungen) werden Hinweise zu möglichen Feuchteursachen, weiteren Prüfungen und notwendigen Maßnahmen gegeben.

Tabelle 7: Empfehlungen von Maßnahmen unter Beachtung der Durchfeuchtungsgrade (nach [21], S. 138)

Feuchtebelastung		**Maßnahmen**		
Durchfeuchtungsgrad DFG	Bewertung	Denkmal [f]	Altbau mit untergeordneter Nutzung [g]	Altbau mit einfacher bis anspruchsvoller Nutzung [h]
bis 20 %	keine Belastung	a	a	b
20 bis 40 %	geringe Belastung	b	b	c
40 bis 60 %	mittlere bis hohe Belastung	b	c	c
60 bis 75 % [d]	sehr hohe Belastung	c	c	c
ab 75 % [d]	extreme Belastung	c	c	c

a keine Maßnahmen erforderlich

b Maßnahmen evtl. erforderlich, Prüfung notwendig

c Sanierungskonzept erstellen, Maßnahmen erforderlich

d Bei DFG > 50 % können mehrere Durchfeuchtungsursachen vorliegen, die hygroskopische Feuchte ist zu prüfen.

e Bei DFG > 75 % liegen in der Regel mehrere Durchfeuchtungsursachen vor, die hygroskopische Feuchte ist zu prüfen.

f keine erhöhten Anforderungen an den Feuchte- und Wärmeschutz

g z. B. Abstellraum für feuchteempfindliche Güter

h z. B. Wohn-, Arbeits-, Schlaf-, Kinderzimmer oder Hobbyraum sowie Archive und Abstellräume für feuchteempfindliche Güter

Da Denkmalobjekte zunehmend hochwertig genutzt werden, ist in diesen Fällen auch die letzte Spalte in Tabelle 7 zutreffend. Die weitere Bewertung kann durch Vergleich des erfassten hygroskopischen Durchfeuchtungsgrades mit dem Gesamtdurchfeuchtungsgrad des Mauerwerks vorgenommen werden. Sind beide Werte in gleicher Größenordnung, ist davon ausgehen, dass hauptsächlich hygroskopische Effekte eine Rolle spielen. Ist der Gesamtdurchfeuchtungsgrad jedoch wesentlich größer als der hygroskopische Durchfeuchtungsgrad, sind andere Einflüsse wie Schlagregen, Spritzwasser, aufsteigende Feuchte oder Tauwasser für die Feuchtebelastung verantwortlich und objekt- und expositionsbezogen näher zu betrachten.

Nimmt – entsprechend der erfassten Feuchteprofile – der Durchfeuchtungsgrad im Mauerwerk von unten nach oben oder in Richtung der Wandoberfläche zu, sind hygroskopische Effekte und/oder Feuchteeintrag über die Oberflächen durch Schlagregen, Spritzwasser oder Tauwasserbildung für die Durchfeuchtung verantwortlich. Nimmt die Durchfeuchtung nach unten und im Mauerquerschnitt zu, ist offensichtlich in diesen Bereichen aufsteigende Mauerfeuchtigkeit vorhanden.

Stellt sich heraus, dass die erfasste hygroskopische Feuchteaufnahme wesentlich geringer als der Gesamtfeuchtegehalt ist und nimmt die Feuchtigkeit nach unten und im Mauerwerksinneren zu, sollten Maßnahmen gegen aufsteigende Feuchte vorgesehen werden. Erfolgt ein ständiger Feuchtenachschub aus dem Mauerwerksinneren und/oder über die erdberührten Mauerwerksoberflächen, können auch Sanierputze überfordert werden. Ohne flankierende, abdichtende Maßnahmen (siehe Kapitel 5.1) kann die vorwiegend auf Diffusion beruhende Transportleistung durch den Sanierputzquerschnitt ggf. nicht ausreichen und die Feuchtefront in höhere Mauerwerksabschnitte vordringen.

Die über viele Jahre von den Verfassern ausgewerteten Untersuchungsergebnisse haben gezeigt, dass die Durchfeuchtungen überwiegend durch hygroskopische Effekte, Feuchteeintrag durch Kondensation oder undichte Stellen (z. B. an Materialübergängen oder nicht vermörtelten Fugen), verursacht werden. Aufsteigende Feuchte ist seltener diagnostiziert worden, was auch in der Fachliteratur bestätigt wird [9].

4.3 Erfassung der Salzgehalte

Wie bereits in Kapitel 1 erläutert, hängen die Auswirkungen bauschädlicher Salze von deren Art, Konzentration und Verteilung im Mauerwerk sowie den Salzgehalten und der Verfügbarkeit von Feuchte ab. Die Schadwirkung der Salze wird maßgeblich von deren Löslichkeit und hygroskopischer Wirkung beeinflusst. Salzbelastungen sind nicht in jedem Fall anhand von Ausblühungen oder hygroskopischen Flecken an den Oberflächen erkennbar. Je nach Salzart und Klima können sich die Salze in Lösung befinden oder unterhalb der Oberfläche kristallisiert sein (Bild 30).

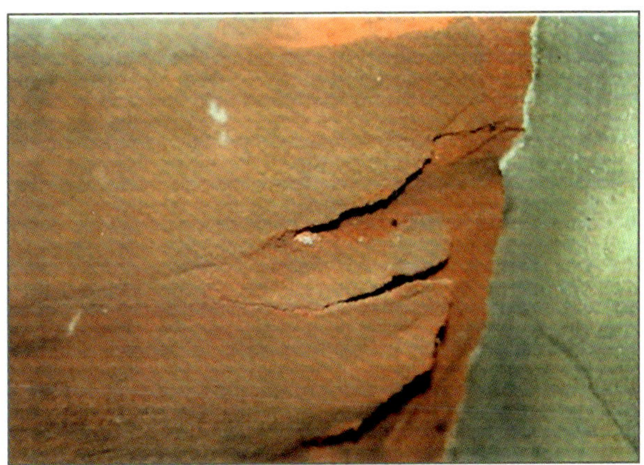

Bild 30: Die Salze (hier: Magnesiumsulfathydrat) sind unterhalb der Oberfläche kristallisiert und haben zu schalenartigen Ablösungen des Sandsteins beigetragen.

Für die Erfassung der Salzart(en) und deren Konzentration liegt eine große Auswahl an Untersuchungsmethoden vor. Die Spannbreite reicht von einfachen Tests, die auch auf der Baustelle einsetzbar sind, bis zu wissenschaftlichen Methoden wie der bildgebenden Rasterelektronenmikroskopie (Bild 31). Die Erfassung der Salze kann mithilfe von halbquantitativen, quantitativen und qualitativen Analysen erfolgen.

Bild 31: Natriumchloridkristall in Sandstein

Bei großflächigen Salzbelastungen können flächige Vorerkundungen z. B. mit Bauradar-Messungen hilfreich sein, um die Probenahmestellen gezielt festlegen zu können. Gelöste Salze absorbieren aufgrund der hohen elektrischen Leitfähigkeit sehr stark die elektromagnetischen Wellen, weshalb sich in den Radargrammen keinerlei Reflexionen abzeichnen. Dadurch lassen sich die Flächen mit den Versalzungen kartieren (siehe blaue und rechte Wandfläche im Bild 27 in Kapitel 4.2.1). Zur Salzart- und Salzgehaltsbestimmung können nach gezielter Probenahme dann die im Folgenden vorgestellten Methoden herangezogen werden.

Je nach vorhandenen Salzschäden sowie Objekt- und Klimarandbedingungen kann es ausreichend sein, nur die salzbildenden Ionen zu bestimmen. Dabei werden überwiegend die Anionen, wie Sulfate, Nitrate und Chloride, quantitativ erfasst. Zur Klärung der Herkunft der Salze und bei eher komplexen Ursachen der Feuchte- und Salzschäden kann es erforderlich sein, auch die Salzphasen, das heißt die mineralogische Zusammensetzung der Salze oder der Salzgemische zu diagnostizieren.

Für die Nachweise der Salzionen sind die Proben in einem bestimmten Verdünnungsverhältnis in destilliertem, entionisiertem Wasser durch Schütteln zu lösen und die Lösungen zu filtrieren. Für die Methoden, die Pulverpräparate benötigen, wie z. B. die Röntgendiffratometrie, werden die Proben nach schonender Trocknung auf Analysenfeinheit <63 µm zerkleinert. Es werden auch Methoden vorgestellt, die Messungen an nahezu unverändertem Probematerial zulassen.

Eigensalze

Beim Nachweis der Salze ist zu beachten, dass verschiedene Mauersteine und Mörtel selbst aus Salzen bestehen oder diese anteilig enthalten, z. B. Calciumcarbonat (Kalksteine, Kalkmörtel, carbonatische Gesteinskörnung) und Calciumsulfate (als Gips- oder Anhydritgestein, in Bauplatten oder gipshaltige Mörtel). Diese Salze werden auch als Eigensalze bezeichnet. Die genannten Carbonate und Sulfate sind im Vergleich zu den bauschädlichen Fremdsalzen, die nachträglich eingetragen werden, zwar weniger löslich, können bei den Salzanalysen jedoch miterfasst werden. Das ist bei der Auswertung und Interpretation unbedingt zu berücksichtigen, nicht zuletzt, weil es Auswirkungen auf die Auswahl des geeigneten Sanierputzsystems haben kann (siehe auch Kapitel 3.5: Zusammensetzung und Bestandteile von Sanierputzsystemen).

4.3.1 Halbquantitative Messungen

Hierzu zählen Teststreifen und Testreagenzien, die meistens auf Reaktionen mit Verfärbung beruhen. Sie erfassen halbquantitativ die Konzentration einzelner Ionen, z. B. Sulfat-, Nitrat- und Chloridionen, in verschiedenen Abstufungen entsprechend der Skala auf dem Teststreifen in mg/l. Sie eignen sich gut für Schnelltests und sind mit den notwendigen Hilfsmitteln zur Probenvorbereitung auch vor Ort möglich. Sie sollten jedoch vor der Auswahl der erforderlichen Sanierungsmaßnahmen durch weiterführende, quantitative Methoden ergänzt werden.

4.3.2 Quantitative Messungen

Ionenchromatografie (IC)

Die Ionenchromatografie ist die für Bauwerksproben am häufigsten genutzte Labormethode zur Analyse von Salzionen in Lösung. Dabei werden die Ionen aufgrund ihrer Ladungen an der stationären Phase des Ionenchromatografen gebunden, mithilfe eines Eluenten durch Ionenaustausch in die mobile Phase überführt und an einem Detektor erfasst. Durch Wechsel der Trennsäule oder bei parallelem Betrieb einer Anionen- und einer Kationensäule im IC-Gerät sind neben den häufiger erfassten Anionen (in der Regel Sulfate, Nitrate, Chloride), auch Analysen von Kationen (Natrium, Calcium, Magnesium etc.) möglich.

Tabelle 8 zeigt exemplarisch die Ergebnisse der IC-Analysen von zwei Mörtelproben. Die Zuordnung der erhöhten Anionengehalte (Spalte 2 bis 4) zu erhöhten Gehalten bei den Kationen (Spalten 5 bis 8) ermöglicht eine Abschätzung, in welcher Mineralform bzw. in welchen Mineralformen die Salze vorliegen. So ist z. B. bei Probe 2 Natriumchlorid sehr wahrscheinlich. Bei gleichzeitig erhöhten Gehalten mehrerer Ionen, wie bei Probe 1, sind unter anderem Natriumchlorid und -sulfat, aber auch Calciumsulfat und -nitrat, ggf. auch Kristallgemische möglich. Hier können weiterführende Verfahren wie die Röntgendiffraktometrie sicheren Aufschluss geben.

Tabelle 8: Gehalte an wasserlöslichen Anionen und Kationen in Masse-%.
Die **markierten Werte** sind erhöht.

Proben-Nr.	Chlorid	Nitrat	Sulfat	Natrium	Kalium	Calcium	Magnesium
1	**0,16**	**0,14**	**0,97**	**0,57**	0,03	**0,21**	<0,01
2	**0,52**	0,01	0,10	**0,51**	0,02	0,15	0,01

Leitfähigkeitsmessungen

Da Salze (= Elektrolyte) die Leitfähigkeit beeinflussen, kann die Summe der Ionen in einer Lösung auch durch elektrische Leitfähigkeitsmessungen bestimmt werden. Die Methode eignet sich gut zur Erfassung des Gesamtgehaltes löslicher Salze.

Röntgendiffraktometrie (XRD)

Mit der XRD können Salze in einer Probe anhand ihres Kristallgitters qualitativ und mit großer Analysenerfahrung auch quantitativ bestimmt werden. Treffen Röntgenstrahlen auf die Gitterebenen eines Kristalls, so ergibt sich durch Röntgenbeugung eine Reihe von »Reflexen«,die charakteristisch für jeden Kristall, in unserem Fall das jeweilige Salz sind. Anhand der Wellenlänge der Röntgenstrahlung und der Lage der Beugungsreflexe des untersuchten Materials können die kristallinen Bestandteile der Probe inklusive der Eigen- und Fremdsalze bestimmt werden. Bild 32 zeigt einen Ausschnitt eines Röntgenogramms einer gipshaltigen Mörtelprobe. Gips und Anhydrit sind hier Eigensalze des historischen Mörtels, das heißt, die Calciumsulfat-Verbindungen treten als Mörtelbindemittel und Gesteinskörnung auf (siehe auch Kapitel 5.5.4 *Gipshaltige Untergründe*). Wird für derartige Untergründe die Anwendung von Sanierputzsystemen geplant, sind in jedem Fall für den Spritzbewurf sowie die Grund- und Sanierputze Produkte mit sulfatwiderstandsfähigem Bindemittel auszuwählen (siehe Kapitel 14.3.7).

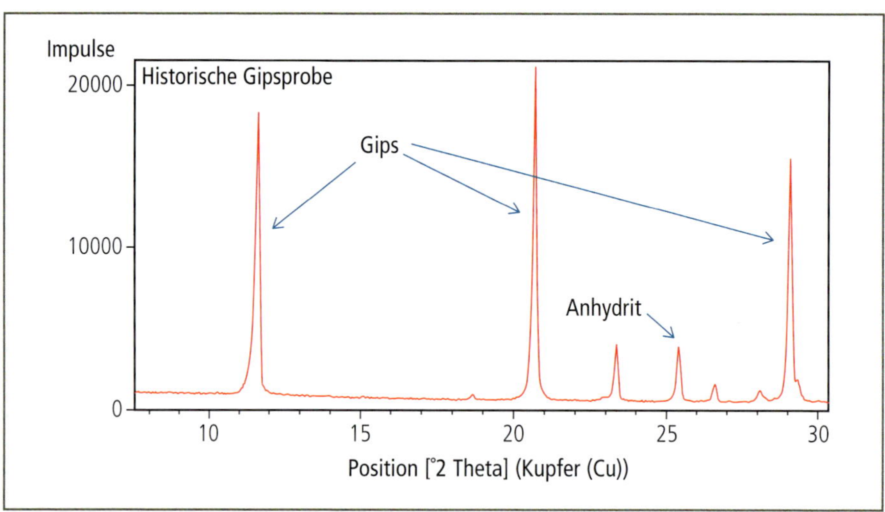

Bild 32: Röntgenogramm einer gipshaltigen Mörtelprobe

Polarisationsmikroskopie und Rasterelektronenmikroskopie
Mithilfe der Polarisationsmikroskopie können die verschiedenen Salze aufgrund ihrer optischen Eigenschaften, insbesondere der Lichtbrechung/Doppelbrechung bestimmt werden. Noch aussagefähiger ist die bildgebende mikrostrukturelle Charakterisierung mittels Rasterelektronenmikroskopie (REM). Der Vorteil der Rasterelektronenmikroskopie liegt nicht nur in der ortsaufgelösten Erfassung der Materialdaten in Auflösungen vom Mikro- bis in den Nanometerbereich, sondern der möglichen Erfassung der Zusammensetzung des Abgebildeten anhand von EDX-Spektren bis hin zu Element-Mappings.

Laser-Emissionsspektroskopie (Laserinduced Breakdown Spectroscopy – LIBS)
Sie gehört zu einer der neuesten Methoden zur Quantifizierung der chemischen Zusammensetzung von Stoffen und ist gut für die Erfassung von Salzen geeignet. Grundlage der Analyse ist ein Lasersystem, mit dem fokussierte Pulse auf das zu untersuchende Material gerichtet werden. Der gepunktete Laserstrahl erzeugt auf der Probenoberfläche ein Plasma, welches Licht emittiert, das mithilfe von Spektrometern gemessen und elementspezifischen Atomkennlinien zugeordnet wird. Dadurch sind Rückschlüsse auf die enthaltenen Elemente und deren Konzentrationen möglich.

Mithilfe von REM und LIBS sind Messungen auch an nahezu unverändertem Probenmaterial möglich. Deshalb sind sie besonders geeignet, wenn nur wenig Probensubstanz zur Verfügung steht, die Salze sich lokal angereichert haben oder zu befürchten ist, dass die Salze durch die Probenvorbereitung beeinflusst werden.

Weitere Details zu Analysemethoden können unter anderem der Internetplattform Salzwiki (https://www.salzwiki.de) und dem Fachbuch *Materialprüfung im Bauwesen* [16] entnommen werden.

4.3.3 Auswertung

Durch die oben genannten Verfahren wird die Salzbelastung an Mauerwerks- und Putzproben ermittelt. Dafür werden von den Stein- und Mörtelproben zumeist die Chlorid-, Sulfat- und Nitratgehalte quantitativ bestimmt. Obwohl der vorhandene Putz vor Aufbringen eines Sanierputzsystems entfernt wird, sollte auf die Untersuchung von Putzproben nicht verzichtet werden. Die zusätzliche Putzuntersuchung ist zu empfehlen, da der Altputz eine »Visitenkarte« für die bisherige Beanspruchung des Putzes und des Mauerwerks darunter ist und mit diesen Informationen eine zielgerichtete Putzauswahl und Prognosen zur Beanspruchung und Dauerhaftigkeit der Maßnahme möglich sind. Dementsprechend wird zur Bewertung der vorhandenen Salzbelastung im WTA-MB 2-9-20 [49] in den Tabellen 6.1 und 6.2. zwischen Messwerten des Altputzes oder einer langfristig unverputzten Mauerwerksoberfläche und den Messwerten einer freigelegten, das heißt einer von Putz oder sonstigen Beschichtungen befreiten Mauerwerksoberfläche, unterschieden.

Zur Festlegung der Grenzwerte für die Salzbelastung
Um den Einfluss der Untergrundversalzung in Abhängigkeit von der Art der Salze zu veranschaulichen, war für die Experten der WTA-Arbeitsgruppe klar, dass Zahlenwerte (= Konzentrationen) benannt werden müssen. Anfangs wurde bei der Erarbeitung des Sanierputz-Merkblatts 2-9-04 auf die Tabelle des Mauerwerksdiagnostik-Merkblatts 4-5-99 [55] zurückgegriffen. Später wurde die »Salztabelle« von der Arbeitsgruppe nach Recherchen und Anfragen bei Herstellern selbst überarbeitet, in dem alle verfügbaren Erkenntnisse und Erfahrungen einbezogen wurden. Dabei wurden von Anfang an Nitrate als besonders schadensträchtig bewertet. Nitratverbindungen sind wegen ihrer hohen Wasserlöslichkeit in porösen Baustoffen sehr mobil und »schlagen« relativ schnell zur Oberfläche durch. Wegen ihrer besonders stark ausgeprägten hygroskopischen Wirkungen können sie den Wassergehalt in den Poren trotz Hydrophobierung so weit erhöhen, dass in Folge auch weniger leicht lösliche Salze verstärkt bis zur Putzoberfläche wandern können. Dieser Effekt wurde in Fachkreisen, z. B. an Objekten in Mittelfranken mehrfach beobachtet. In diesem Zusammenhang wirken sich auch Tauwasseransammlungen in Poren schadensbeschleunigend aus [5].

Anhand der im WTA-Merkblatt 2-9-20 festgelegten Grenzwerte der Salzanionengehalte (Tabelle 9) erfolgt eine halbquantitative Bewertung der Salzbelastung in drei Stufen (gering, mittel und hoch). Diese Bewertung der Salzbelastung spielt für die Auswahl der notwendigen Sanierungsmaßnahmen eine Rolle (siehe Kapitel 4.3). Wie zu erwarten ist, sind die Grenzwerte der drei Bewertungsstufen für die freigelegte Mauerwerksoberfläche deutlich geringer als für den Putz (der bisher als »Opferschicht« wirkte) oder die bisher ungeschützte Oberfläche.

Checklisten für Voruntersuchungen

Für einen erfolgreichen Sanierputzeinsatz sind vor der Planung und Auswahl gezielte Untersuchungen zu den Feuchteursachen und der Salzbelastung notwendig. Dafür stehen je nach Umfang der Schäden, Art des Bauteils und den Objektrandbedingungen verschiedene Methoden zur Verfügung: von einfachen Schnelltests auf der Baustelle bis zu Laboranalysen, die in Kapitel 4.1 beschrieben werden.

In Anlehnung an die Empfehlungen des WTA-Merkblatts 4-5-99 Mauerwerkdiagnostik [55] sind an aussagekräftigen Stellen repräsentative Proben zu nehmen und labortechnisch zu untersuchen. Schnelltests sind geeignet, um erste Anhaltswerte für die Art der Salzionen zu bekommen und ggf. die Entnahmebereiche einzugrenzen. Als alleinige Grundlage für die Ableitung der notwendigen Sanierungsmaßnahmen sind sie nicht geeignet.

An Proben von Mauersteinen und –mörteln sollten aus dem oberflächennahen Bereich bis in ca. 10 cm Tiefe Feuchtemessungen durchgeführt und zumindest die Anionen der enthaltenden Salze, bevorzugt mittels Ionenchromatografie erfasst werden. In einigen Fällen ist es auch notwendig, Bindemittelart(en) der Mörtel zu erfassen – insbesondere, wenn mit gipshaltigen Bindemitteln zu rechnen ist. Checklisten können dazu beitragen, dass bereits bei der visuellen Begutachtung vor Ort wichtige Daten, auch zum Umfeld der schadhaften Stellen, übersichtlich zusammengestellt werden. Solche Checklisten (Bild 33) werden unter anderem von einigen Sanierputzherstellern angeboten, welche die Planer und Ausführenden auch durch Fachberater vor Ort und mit Feuchte- und Salzanalysen in werkseigenen Laboren unterstützen.

Tabelle 9: WTA-Tabellen zur Bewertung der Salzbelastung (WTA 2-9-20, [49], Tabellen 6.1 und 6.2)

Tabelle 6.1: Bewertung der Salzbelastung eines Altputzes oder einer langfristig unverputzten Mauerwerksoberfläche (0–2 cm Tiefe)

	M.-%, bezogen auf die Trockenmasse der Proben		
Sulfate *)	<0,5	0,5–1,5	>1,5
Chloride	<0,2	0,2–0,5	>0,5
Nitrate	<0,1	0,1–0,3	>0,3
Leichtlösliche Anionen **)	<0,5	0,5–1,5	>1,5
Gesamtsalzgehalt ***)	<0,75	0,75–2,25	>2,25
Wertung der Salzbelastung	**gering**	**mittel**	**hoch**

*) Besteht die Salzbelastung ausschließlich aus einem mittleren bis hohen Sulfatgehalt, sollten zur Beurteilung auch die Kationen Calcium, Magnesium, Natrium und Kalium bestimmt werden.

**) Summe aus Sulfat-, Nitrat- und Chloridgehalt.

***) Bestimmt über die spezifische Leitfähigkeit des wässerigen Aufschlusses, hier wirken sich auch nicht analysierte Ionen aus.

Tabelle 6.2: Bewertung der Salzbelastung einer zuvor freigelegten Mauerwerksoberfläche (0–2 cm Tiefe)

	M.-%, bezogen auf die Trockenmasse der Proben		
Sulfate *)	<0,1	0,1–0,5	>0,5
Chloride	<0,05	0,05–0,2	>0,2
Nitrate	<0,03	0,03–0,1	>0,1
Leichtlösliche Anionen **)	<0,1	0,1–0,5	>0,5
Gesamtsalzgehalt ***)	<0,15	0,15–0,75	>0,75
Wertung der Salzbelastung	**gering**	**mittel**	**hoch**

*) Besteht die Salzbelastung ausschließlich aus einem mittleren bis hohen Sulfatgehalt, sollten zur Beurteilung auch die Kationen Calcium, Magnesium, Natrium und Kalium bestimmt werden.

**) Summe aus Sulfat-, Nitrat- und Chloridgehalt.

***) Bestimmt über die spezifische Leitfähigkeit des wässerigen Aufschlusses, hier wirken sich auch nicht analysierte Ionen aus.

Objekt

Teilnehmer am Ortstermin

Bauherr

Ausführende Firma

Architekt

Angaben zum Gebäude/Bauteil

- Nutzung vorher/nachher
- Alter
- Lage und Exposition
- vorausgegangene Sanierungsmaßnahmen

Art und Beschaffenheit des Mauerwerks/der Putzflächen

- Mauersteine
- Mörtel
- Mauerwerksgefüge
- Mauerwerksverband
- ggf. Beschichtungen

Schadensbild

Vermutliche Schadensursachen (soweit visuell erkennbar)

Entnahme von Proben ☐ Skizze ☐ Foto Anzahl:

Art der Probenahme

Art der Probe

- Mauerstein, -mörtel
- Putz

Klimadaten zum Entnahmezeitpunkt

Temperatur: °C Luftfeuchte: ☐ hoch ☐ mittel ☐ niedrig

Notwendige Untersuchungen:

☐ Salze ☐ max. Wasseraufnahme

☐ Feuchtegehalt ☐ hygroskopische Feuchteaufnahme

☐ Mörtelzusammensetzung (Bindemittelart) ☐ Sieblinie der Mörtelzuschläge

☐ Bestimmung des μ-Wertes z. B. bei Altanstrichen

Bild 33: Checkliste für Voruntersuchungen am Objekt

5 Flankierende Maßnahmen und Vorbereitungen

5.1 Abdichtungsmaßnahmen

Um bei erdberührten Bauteilen den Feuchtetransport von außen und von unten ins Mauerwerk zu vermeiden, werden seit den 1950er-Jahren entsprechend der vorhandenen Wassereinwirkung (Bodenfeuchte, drückendes Wasser etc.) horizontale und vertikale Abdichtungen vorgesehen. Bei historischer Bausubstanz sind derartige Abdichtungen nur in wenigen Fällen vorhanden. Da bei aufsteigender oder von außen eindringender Feuchte häufig auch hygroskopische Effekte eingewanderter Salze eine Rolle spielen, sind Sanierputzsysteme geeignete Maßnahmen, besonders in Verbindung mit horizontalen bzw. vertikalen Abdichtungen. Diese sind bei Bestandsbauten häufig nachträglich einzubringen. Sanierputzsysteme-WTA sind bei kapillarem Feuchtetransport und hygroskopischer Feuchte wirksam, nicht bei Wasser, das mit hydrostatischem Druck einwirkt. Unter Oberkante Gelände im erdberührten Bereich dürfen Sanierputzsysteme nicht eingesetzt werden. Dort sind geeignete Abdichtungsmaßnahmen auszuführen.

Da die notwendigen Maßnahmen nicht in der früheren Abdichtungsnorm DIN 18195 für Neubauten geregelt waren, wurden Mitte der 1990er-Jahre die WTA-Merkblätter 4-6-05/D *Nachträgliches Abdichten erdberührter Bauteile* und 4-4-04/D *Mauerwerksinjektion gegen kapillare Feuchtigkeit* herausgegeben. Letzteres wurde aktualisiert, erweitert und 2015 mit neuem Namen als WTA-Merkblatt 4-10-15/D *Injektionsverfahren mit zertifizierten Injektionsstoffen gegen kapillaren Feuchtetransport* [57] publiziert.

Entsprechend der Wasserbeanspruchung (früher als »Lastfälle«, gemäß aktueller Abdichtungsnormen als »Wassereinwirkungsklassen« bezeichnet), der Objektrandbedingungen und der Nutzung, werden darin unterschiedliche Abdichtungskonzepte aufgezeigt. Darüber hinaus werden entsprechend den baukonstruktiven Gegebenheiten Detaillösungen mit Skizzen für die nachträgliche Innen- und Außenabdichtung vorgeschlagen. Die nachträglichen Abdichtungsmaßnahmen an Bestandsbauten wurden nicht in die aktuelle, 2017 erschienene, Normenreihe

DIN 185XX für Abdichtungen im Innen- und Außenbereich aufgenommen. Daraus folgt, dass die oben genannten und mittlerweile aktualisierten WTA-Merkblätter auch heute noch eine wichtige Grundlage für die fachgerechte Planung und Ausführung nachträglicher Abdichtungsmaßnahmen darstellen.

Für die *nachträgliche Vertikalabdichtung* werden überwiegend bituminöse Dickbeschichtungen in Verbindung mit Sperrputzen und Dichtschlämmen eingesetzt, da sie sich – einfacher als bahnenförmige Abdichtungen – auch auf unregelmäßigen Untergründen, z.B. älteren Gründungen oder zerklüfteten Kellermauerwerken, gut auftragen lassen (Bild 34).

Bild 34: Freigeschachtete, unregelmäßige Kelleraußenwand aus Mischmauerwerk

Wenn bei Bestandsbauten die nachträgliche vertikale Außenabdichtung technisch nicht möglich oder wirtschaftlich nicht vertretbar ist (z.B. wegen Nachbarbebauungen, Versorgungsleitungen, Druckwasserbelastung, Beeinträchtigung der Standsicherheit), können Innenabdichtungen gemäß WTA-Merkblatt 4-6-05/D [56] ausgeführt werden. Die im Merkblatt dargestellten bewährten Lösungen werden auch eingesetzt, um Untergeschossräume einer neuen, zum Teil hochwertigeren Nutzung zuzuführen – in Verbindung mit flankierenden Maßnahmen wie Sanierputzeinsatz oder Innendämmung.

Für *nachträgliche horizontale Abdichtungen* können mechanische und chemische Verfahren eingesetzt werden. Der nachträgliche Einbau einer mechanischen Horizontalsperre erfolgt durch Trennung des Mauerwerks, das heißt, es muss mindestens ein durchgehender, nicht kapillar aktiver, trennender Spalt erzielt werden. Gemäß WTA-4-7-15/D *Nachträgliche Mechanische Horizontalsperre* [60] wird dabei zwischen folgenden Verfahren unterschieden:

- Maueraustauschverfahren,
- Blecheinschlagverfahren,
- Schneide- und Sägeverfahren,
- Kernbohrverfahren.

Seit ungefähr vier Jahrzehnten werden auch chemische Injektionsverfahren eingesetzt, um aufsteigende Feuchte zu vermeiden. Dabei sollten moderne Mehrstufenverfahren bevorzugt werden (Bild 36). Drucklose Verfahren (Bild 35) sind weniger geeignet, da die notwendige Verteilung des jeweiligen Wirkstoffs über den Querschnitt nicht in jedem Fall gesichert ist. Langjährige Praxiserfahrungen haben gezeigt, dass es durch die Druckbeaufschlagung in Kombination mit hochwertigen, zertifizierten Injektionsstoffen möglich ist, auch Mauerwerke mit höheren Durchfeuchtungsgraden abzudichten (siehe dazu auch: [57]).

Seit einigen Jahren werden für die nachträgliche Horizontalabdichtung auch lösemittelfreie, hydrophobierend wirkende Injektionscremes auf der Basis von Silanverbindungen eingesetzt. Diese gebrauchsfertigen Cremes werden – ohne spezielle Injektionstechnik – mit einer Handkartusche hohlraumfrei aus der Tiefe bis an die Oberfläche in die sorgfältig vorbereiteten Bohrlöcher eingepresst (Bild 37 und Bild 38). Einzelne Hersteller bieten diese zertifizierten, hydrophobierenden Cremes auch für hohe Durchfeuchtungsgrade bis ca. 95 % an.

In gleicher Weise wie bei den Sanierputzsystemen bietet ein Expertengremium der WTA auch die Zertifizierung von Injektionsstoffen gemäß WTA-Merkblatt 4-10 an. Da Injektionsmaßnahmen jeglicher Art irreversibel sind und einen gravierenden Eingriff in die Bausubstanz darstellen, bedürfen die Voruntersuchungen und die Auswahl des geeigneten Injektionsstoffs ganz besonderer Sorgfalt. Die Qualitätssicherung durch die Zertifizierung schafft hier zusätzliche Sicherheit für Planer.

Ausführung von Abdichtungsmaßnahmen

Durch analytische Begleitung vom Vorzustand über den Bau- bis zum Endzustand kann die Wirksamkeit nachträglicher Abdichtungsmaßnahmen erfasst werden. Je nach Objektrandbedingungen und dem gewählten Abdichtungsverfahren wird der Feuchteeintrag unterbunden oder eine Begrenzung kapillar aufsteigender Feuchtigkeit erzielt. Für die Trocknung der Wand in oberflächennahen Bereichen und schadensfreie Oberflächen oberhalb der abgedichteten Bereiche sind – je nach Nutzung der Flächen bzw. Räume – Sanierputzsysteme als begleitende Maßnahme gut geeignet.

Da beide nachträglichen Abdichtungsverfahren (mechanisch, chemische Injektion) in das Tragwerk des abzudichtenden Bauteils eingreifen, ist zur statischen Beurteilung des Bau- und Endzustandes ein Tragwerksplaner mit einzubeziehen.

Bild 35: Bohrlochinjektion, druckloses Einbringen der Bohrlochflüssigkeit mithilfe von Vorratsgefäßen

Bild 36: Ansetzen des Injektionsschlauches an die Packer während der Mehrstufeninjektion mit Druckbeaufschlagung

Bild 37: Schematische Darstellung des Einspritzens der hydrophobierenden Injektionscreme in den Mauerwerksquerschnitt

Bild 38: Hohlraumfreie Verfüllung aus der Tiefe bis an die Oberfläche

Weiterführende Informationen zu nachträglichen Abdichtungsmaßnahmen können unter anderem dem Fachbuch »*Bauwerksabdichtung in der Altbausanierung*« [21] entnommen werden.

Umstrittene Methoden ohne nachweisliche Wirkung

Nach wie vor sind elektrophysikalische Verfahren zur Mauerentfeuchtung in Fachkreisen umstritten. Von der Verwendung wird abgeraten. Die versprochenen Wirkungen sind in der Regel nicht naturwissenschaftlich belegt und könnten ggf. durch einen flankierend aufgebrachten Sanierputz nur vorgetäuscht sein.

5.2 Maßnahmen in Abhängigkeit von der Salzbelastung

Über Jahre ausgewertete Untersuchungsergebnisse haben gezeigt, dass die Durchfeuchtungen überwiegend durch hygroskopische Effekte oder Feuchtigkeitsursachen, wie z. B. Kondensation, verursacht werden. Ausschließlich aufsteigende Feuchte wird verhältnismäßig selten diagnostiziert. Die Salze gelangten mit großer Wahrscheinlichkeit nicht nur durch aufsteigende Feuchte ins Mauerwerk. Sehr häufig sind Spritzwasser- und Oberflächenwasser die Ursache.

Ist die Hygroskopizität vorhandener Salze für die Durchfeuchtung maßgebend, ist die Verwendung eines Sanierputzsystems die einzig dauerhafte Möglichkeit, um die Salzprobleme optisch, technisch und ohne Belastung für das Mauerwerk zu beheben. Der Feuchtegehalt des Mauerwerks wird dadurch allerdings nicht wesentlich verändert.

Mit Einführung der europäischen Putzmörtelnorm DIN EN 998-1 wurden auch die Sanierputzmörtel klassifiziert. Die Norm enthält jedoch keine Erläuterungen zum Einsatz dieser Putze in Abhängigkeit von der Salzbelastung.

DIN 18550-1:2018-01 *Planung, Zubereitung und Ausführung von Außen- und Innenputzen – Teil 1: Ergänzende Festlegungen zu DIN EN 13914-1:2016-09 für Außenputze* weist wie folgt darauf hin, dass in Abhängigkeit von der Salzbelastung der Einsatz von Sanierputzmörteln gemäß DIN EN 998-1 nicht ausreicht, sondern WTA Sanierputzmörtel erforderlich sind:

»*Fallweise genügt ein Sanierputzmörtel nach DIN EN 998-1 bei höheren Belastungen feuchter und salzhaltiger Untergründe nicht. Gegebenenfalls wird dann die Anwendung von Sanierputzsystemen, bestehend aus Sanierputzmörtel, Saniergrundputz und gegebenenfalls Spritzbewurf, erforderlich. Solche Systeme, die höheren Belastungen, z. B. hinsichtlich der Salzresistenz, genügen, sind nach den Herstellerangaben zu verarbeiten.*« ([32], Abschnitt 6.9)

Es fehlen Kriterien zur Bewertung der vorhandenen Salzbelastung, wie sie im WTA-Merkblatt 2-9-20/D [49] mit den Kategorien »gering«, »mittel« und »hoch« angegeben sind. Bild 39 zeigt Beispiele für den Schichtenaufbau möglicher Sanierputzsysteme in Abhängigkeit von der Salzbelastung. In Tabelle 10 sind mögliche Maßnahmen zusammengestellt. Die Einteilung der Salzbelastung in die jeweilige Kategorie erfolgt nach den Tabellen 6.1 und 6.2 des Merkblatts (siehe auch Tabelle 9).

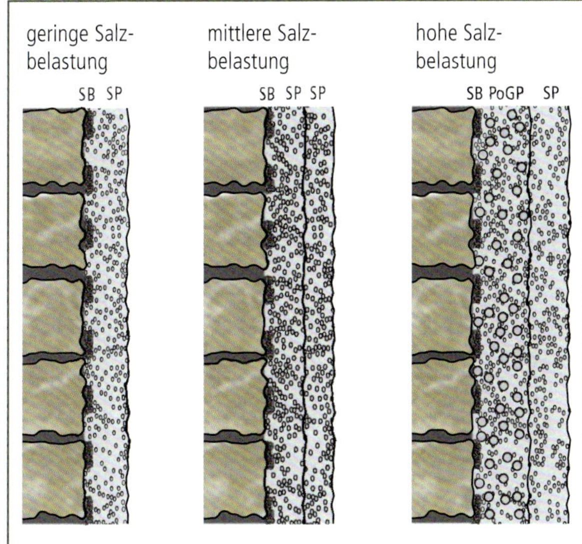

Bild 39: Schichtenaufbau möglicher Sanierputzsysteme.
SB = Spritzbewurf,
SP = Sanierputz,
PoGP = Porengrundputz.

Tabelle 10: Maßnahmen in Abhängigkeit von der Salzbelastung des Putzgrundes (in Anlehnung an WTA 2-9-20/D[49])

Salzbelastung [1)]	Maßnahmen	Schichtdicken in mm	Bemerkungen
gering	1. Spritzbewurf-WTA	≤ 5	Spritzbewurf in der Regel nicht deckend, ggf. nach Hersteller-vorschrift voll deckend; Gesamtdicke der Schichten gemäß Kap. 8.3.3
	2. Sanierputz-WTA	≥ 20	
mittel bis hoch	1. Spritzbewurf-WTA	≤ 5	
	2. Sanierputz-WTA	10 bis 20	
	3. Sanierputz-WTA	10 bis 20	
	1. Spritzbewurf-WTA	≤ 5	
	2. Porengrundputz-WTA	≥ 10	
	3. Sanierputz-WTA	≥ 15	

1) Durch Voruntersuchungen zu ermitteln und zu bewerten, siehe WTA 2-9-20/D, Tabellen 6.1 und 6.2.

Ist die Salzbelastung gering, genügt nach vorheriger Putzgrundreinigung und -vorbehandlung mit einem geeigneten Spritzbewurf der Auftrag von Sanierputz-WTA in einer Dicke von 2 cm. Bei mittleren bis hohen Salzbelastungen sollte immer ein Porengrundputz als Pufferschicht und Salzspeicher aufgebracht werden, dem dann der Sanierputz folgt. Grundputz WTA kann sowohl Ausgleichsputz (Porosität >35 Vol-%) oder auch Porengrundputz (Porosität >45 Vol-%) sein.

Nach WTA 2-9 ist für ein- oder zweilagig aufgebrachte Sanierputzsystem eine Mindestdicke von 2 cm vorgesehen. Wird ein System aus Porengrundputz und Sanierputz aufgebracht, dann beträgt die Mindestdicke für den Porengrundputz 1 cm und für den Sanierputz 1,5 cm. Dies ergibt eine Systemmindestdicke von 2,5 cm. Diese Mindestdicken haben sich in Bezug auf die Haltbarkeit von Sanierputzsystemen in der Praxis gut bewährt. In Ausnahmefällen können Sanierputze auch dünner aufgebracht werden, wenn konstruktionsbedingt oder bei Bauteilanschlüssen größere Putzdicken nicht möglich sind. Allerdings besteht dann ein Schadensrisiko und die Dauerhaftigkeit des Sanierputzes kann eingeschränkt sein, im Sinne eines temporär wirkenden Opferputzes. Es ist zu berücksichtigen, dass Sanierputze entsprechend ihrer Funktionsweise noch eine geringe Kapillarität aufweisen sollen. Eine Wassereindringtiefe von maximal 5 mm ist zulässig. Beträgt die Putzdicke z. B. nur 1 cm, können sich Durchfeuchtungen und Durchsalzungen an der Sanierputzoberfläche bemerkbar machen, siehe auch Kapitel 6.3 *Sanierschlämmen*.

Salze im Putzgrund immobilisieren – ein aussichtsloses Unterfangen

Wenn als Putzgrundvorbehandlung ein netzförmiger Spritzbewurf angeworfen wurde, kann der frisch aufgebrachte Grundputz oder Sanierputz überschüssiges Anmachwasser an das Mauerwerk abgeben. Salze an der Oberfläche oder im oberflächennahen Bereich werden dadurch gelöst. Beim Rücktransport des überschüssigen Wassers während der Trocknung können gelöste Salze in den Sanierputzquerschnitt transportiert werden und dort, je nach Salzmenge, Porenräume blockieren, die für die langfristige Haltbarkeit notwendig wären. Aufgrund dieser Überlegung haben viele Sanierputzhersteller in den Anfangsjahren eine Salzbehandlung als zusätzliche Putzgrundvorbehandlung empfohlen. Ziel dabei war die Immobilisierung der löslichen Salze, indem leicht lösliche bauschädliche Salze in möglichst schwer lösliche oder unlösliche Verbindungen umgewandelt und dadurch unschädlich werden. Das klingt einfach, ist in der Praxis jedoch komplex. Im Mauerwerk liegt selten nur eine einzelne Salzart vor, sondern vielmehr Salzgemische. Wie in Kapitel 4.1.2 beschrieben wird, sind in der Regel Carbonat-, Nitrat-, Chlorid- oder Sulfatverbindungen vorhanden und als Kationen hauptsächlich Natrium, Kalium, Magnesium und Calcium.

Früher wurde zur Umwandlung am häufigsten Bleihexafluorosilikat PbSiF6 als Wirkstoff eingesetzt. Im oberflächennahen Bereich sollten so leichtlösliche Sulfat- und Chloridverbindungen in schwerlösliches Bleisulfat oder Bleichlorid umgesetzt werden. Nach Untersuchungen unter anderem von Kuhl [8] ergaben diese Vorbehandlungen keine gesicherten Wirkungen oder nur geringe Wirkungsgrade, weshalb man seit den 1990er-Jahren von diesen Salzbehandlungen im Rahmen der Putzgrundvorbereitung abgekommen ist.

Der deutlich gravierendere Nachteil ist jedoch die Giftigkeit dieser Salzbehandlungslösungen, die es heute verbietet, mit derartigen Produkten auf Baustellen zu arbeiten.

Die Salzumwandlung bei Nitratverbindungen ist gänzlich unwirksam, da es bei dieser Salzgruppe keine schwerlöslichen Formen gibt. Um trotzdem die besonders mobilen, leichtlöslichen Nitratverbindungen am Einwandern in frische Sanierputzschichten zu hindern, wurden Versuche mit hydrophobierenden Imprägnierungsmitteln durchgeführt. Daraus folgte aber der Nachteil, dass der Sanierputz nach dieser Behandlung zum Teil nicht ausreichend auf dem Mauerwerk haften konnte.

Um auf diese Salzbehandlungsmethoden verzichten zu können, wurde das mehrlagige Sanierputzsystem, bestehend aus Porengrundputz und Sanierputz, entwickelt. Der Porengrundputz ist gleichermaßen Pufferschicht, Ausgleichsschicht und Speicherraum für Salzeinlagerungen.

5.3 Bewertung der Feuchtesituation im Putzgrund

Wie feucht darf ein Mauerwerk maximal sein? Diese Frage ist pauschal nicht zu beantworten. Selbst auf ein nahezu wassergesättigtes Mauerwerk (Durchfeuchtungsgrad über 90 %, siehe Kapitel 4.2.3) kann ein Sanierputz aufgebracht werden, wenn der Untergrund tragfähig und die Putzhaftung möglich ist. Handelt es sich um überwiegend aufsteigende Feuchte und wird der Feuchtigkeitsnachschub durch geeignete Abdichtungsmaßnahmen unterbunden, kann das Mauerwerk langsam aufgrund der Wasserdampfdiffusion und geringen Kapillarität des Sanierputzes Feuchte nach außen abgeben. Es stellt sich mit der Zeit ein Gleichgewichtsfeuchtegehalt ein, der durch die Hygroskopizität der Salze erhöht ist. Dies ist bei einem fachgerechten Aufbau des Sanierputzsystems jedoch nicht oberflächenwirksam und verursacht keine Schäden. Werden jedoch bei einer sehr hohen Durchfeuchtung des Mauerwerkes keine Abdichtungsmaßnahmen ausgeführt, reicht die Transportleistung des Sanierputzes unter Umständen nicht aus und es kann nicht ausgeschlossen werden, dass die Feuchte- und Salzfront höher steigt.

Der Durchfeuchtungsgrad wird durch Diffusion nur dann reduziert, wenn ein Dampfdruckgefälle vorhanden ist. In den Wintermonaten ist ein großes Dampfdruckgefälle von innen nach außen vorhanden, wenn innen Raumtemperaturen herrschen. Handelt es sich aber bei dem instandgesetzten Bauteil z. B. um eine frei stehende Mauer oder Trennwände von Kellerräumen, bei denen auf beiden Seiten das gleiche Klima herrscht, ist das Dampfdruckgefälle gering und der Feuchtegehalt im Mauerwerk verändert sich kaum. Ein gewisses Dampfdruckgefälle in einer frei stehenden Mauer entsteht trotzdem, da der Partialdruck im Porenraum meist höher als der Partialdruck in der Umgebungsluft, aber die Diffusionsleistung ist gering.

Sehr hohe Durchfeuchtungsgrade treten selten alleine durch hygroskopische Salze auf. In Fällen komplexer Feuchteursachen, bei hohen Salzgehalten und verschiedenen Salzarten kann durch kombinierte Maßnahmen, z. B. mit einem Kompressenputz (siehe Kapitel 2) die Salzbelastung des Mauerwerks reduziert werden, bevor ein Sanierputzsystem aufgebracht wird.

Schwierig wird die Entscheidung, wenn aufsteigende Feuchte erkannt wird und aus konstruktiven oder Kostengründen der nachträgliche Einbau einer Horizontalsperre nicht möglich ist, beispielsweise bei sehr großen Mauerwerksdicken. Die Erfahrung hat gezeigt, dass in Fällen, in denen der Anteil an aufsteigender Feuchte nicht zu hoch ist, durchaus ein Sanierputzsystem funktioniert und keine Spätschäden erwartet werden müssen. Ggf. kann die Standzeit des Sanierputzsystems dann reduziert sein und der Sanierputz als Opferputz wirken.

Eine generelle Aussage, wie hoch der Anteil an aufsteigender Feuchte am Durchfeuchtungsgrad sein darf, kann aber nicht getroffen werden. Dafür ist auch die Zahl der objektbezogenen und klimabedingten Einflüsse zu groß. Untersuchungen haben belegt, dass feuchtes Mauerwerk einen ungünstigen Einfluss auf die Festigkeitsentwicklung und das Schwindverhalten von Putzen hat. Der Putz erreicht aufgrund des vorhandenen Feuchteangebotes im Mauerwerk seine maximale Festigkeit. In der Regel setzt erst danach die Trocknung bis zur Ausgleichsfeuchte mit der damit verbundenen Schwindung ein. Normalerweise verlaufen Abbinde- und Trocknungsprozesse parallel und die auftretenden Spannungen werden bei gutem Haftverbund schadensfrei abgebaut. Schwindet der Putz jedoch erst, wenn die Festigkeitsentwicklung weitgehend abgeschlossen ist, bilden sich oft Risse, da das erhärtete Gefüge nicht mehr ausreichend verformbar ist. Diese Grenzen der Verformbarkeit sind umso schneller erreicht, je fester und dichter der Putz und umso größer sein Elastizitätsmodul ist.

Sanierputze sind eine besondere Form von Leichtputzen. Die durch das Gefüge bedingten, im Vergleich zu Normalmörteln günstigeren Trocknungsbedingungen, die moderate Festigkeitsentwicklung und die reduzierten E-Module tragen dazu bei, dass Sanierputze durch die Untergrundfeuchte weniger beeinflusst werden. Trotzdem ist es hilfreich, wenn vor dem Einsatz des Sanierputzsystems auch nach

Abdichtungsmaßnahmen, Bautrockner eingesetzt werden (Bild 40), die für günstigere klimatische Verhältnisse sorgen. Das ist besonders wenige Tage nach dem Sanierputzauftrag für die Entwicklung der notwendigen Querschnittshydrophobie des Sanierputzsystems zu empfehlen (siehe auch Kapitel 9.3).

Bild 40: Einsatz eines Bautrockners. Hier nach einer Horizontalabdichtung

5.4 Prüfung des Putzgrundes auf ausreichende Tragfähigkeit

Neben Durchfeuchtungsgrad, Feuchteursache und Salzbelastung ist auch die Tragfähigkeit des Putzgrunds vor dem Aufbringen des Sanierputzsystems zu prüfen. Das Mauerwerk oder sonstige Untergründe müssen so beschaffen sein, dass ein vollflächiger Haftverbund möglich ist und die beim Erhärten des Sanierputzsystems auftretenden Spannungen ohne Rissbildung aufgenommen werden können. Prinzipiell treffen hier die gleichen Anforderungen an die Tragfähigkeit und Sauberkeit des Putzgrundes zu, wie sie gemäß den Regelwerken für Putzarbeiten (Leitlinie, VOB) an Untergründe für herkömmliche Putze gestellt werden [30].

Die Festigkeit des Untergrunds und damit dessen Tragfähigkeit kann für die Aufnahme neuer Schichten durch Ritzen bzw. Eindrücken (= Penetrieren) eines Taschenmessers in den Untergrund geprüft werden. Dringt das Messer nicht oder nur wenig ein, ist die Tragfähigkeit in der Regel ausreichend. Bei älteren Mauerwerken können vor allem die Fugen Schwachstellen sein, wenn sie mit weichen, z. T. mürben, kalkreichen oder tonigen Mörteln gefüllt sind.

Im Bereich der Bausanierung/Denkmalpflege können vielfältigere Untergründe als im Neubau und durch Um- und Ausbauten ggf. auch gemischte Untergründe vorliegen. Je nach vorhandenen historischen Baustoffen und bisheriger Beanspruchung sind zum Teil auch sehr weiche Untergründe anzutreffen. Das ist einer der Gründe dafür, weshalb die Druckfestigkeit der Sanierputze auf 5 N/mm^2 begrenzt ist, damit keine zu großen Spannungen beim Erhärten des Sanierputzsystems entstehen.

Sind Risse im Mauerwerk vorhanden, ist die Rissursache zu klären und ggf. ein Tragwerksplaner hinzuzuziehen (Bild 41). Risse, die nahezu keinen Bewegungen mehr unterliegen, können überputzt werden. Je nach Rissbreite und Rissbreitenänderung kann das Einlegen von Armierungsgewebe oder eine Entkopplung notwendig sein. In letztgenanntem Fall sollte im Rissbereich zwischen Mauerwerk und Putzträger ein diffusionsfähiges Trennvlies gelegt werden, um den Putz in diesem Bereich vom Untergrund abzukoppeln. Gleiches gilt auch, wenn das Putzsystem auf Fachwerk aufgebracht wird (Bild 42).

Weiterführende Hinweise zu Rissen im Untergrund oder in Putzen und deren Instandsetzungsmöglichkeiten sind im WTA-Merkblatt 2-4 *Beurteilung und Instandsetzung gerissener Putze an Fassaden* [46] zu finden.

Bild 41: Konstruktionsbedingte Risse, für deren Beurteilung der Tragwerksplaner hinzugezogen werden sollte

Bild 42: Entkopplung des Putzsystems durch Trennvlies und Putzträger

5.5 Putzgrundvorbereitung

Zur Ausführung von Putzarbeiten gehört zwingend die sorgfältige Untergrundvorbereitung. Bei den Sanierputzsystemen ist besonders auf die im Putzgrund vorhandene Salzbelastung zu achten. Allgemein gilt die Untergrundvorbereitung nach DIN 18350 [30]. Die folgenden Unterkapitel behandeln die wichtigsten Arbeitsschritte.

5.5.1 Entfernen geschädigter Substanz

Salz- und feuchtegeschädigte Mauerwerke müssen vor dem Aufbringen eines Sanierputzsystems besonders sorgfältig vorbereitet werden. Dazu gehört, dass mürbe oder versalzene Fugenmörtel mindestens 2 cm tief ausgeräumt und mürbe oder stark geschädigte Steine ausgetauscht werden. Alte Putze oder sonstige Beschichtungen müssen vollständig entfernt werden. Anhand der Befunde der Voruntersuchungen und der örtlichen Gegebenheiten ist festzulegen, bis zu welcher Höhe der Altputz zu entfernen ist. Vor dem Putzauftrag sind Staub und andere haftungsmindernde Schichten zu entfernen. Beim Abschlagen bzw. Abstemmen des Putzes sollten Beschädigungen am tragenden Untergrund unbedingt vermieden werden. Bild 43 zeigt einen salzgeschädigten Sockelputz auf gemischten Untergründen (Mauerwerk, Beton), der vor dem Neuverputz entfernt wurde (Bild 44). Da der verwendete Pressluftmeißel auf verschieden festen Untergründen unterschiedlich wirkt, wurden Teile des weicheren Untergrunds, zum Teil mit Lochkammern, beschädigt (Bild 45).

Bild 43: Salzbelasteter Sockelputz

Bild 44: Gemischter Untergrund nach dem Putzabschlagen, z. T. beschädigt

Bild 45: Detail aus Bild 44 mit beschädigten Ziegeln

Nasse Reinigungsverfahren sind aufgrund der Salze an der Oberfläche bzw. im oberflächennahen Bereich nicht zu empfehlen. Je nach Löslichkeit der Salze sind hier Rückwanderungen möglich. Beim Einsatz von Partikelstrahlverfahren sind in jedem Fall die Härte des Strahlmittels und der Strahldruck in Vorversuchen an den Untergrund anzupassen. Zerstörungen an der Mauerwerksoberfläche müssen vermieden werden.

5.5.2 Anbringen von Putzträgern

Bei unzureichender Tragfähigkeit des Putzgrunds ist vor dem Putzauftrag ein geeigneter Putzträger anzubringen und im tragfähigen, verformungsfreien Untergrund zu fixieren. In der Praxis haben sich unter anderem Ziegeldrahtgewebe mit Edelstahldraht bewährt, die mit geeigneten Dübeln in ausreichender Anzahl auf dem Untergrund befestigt werden (Bild 46). Auch andere Drahtgewebe aus Edelstahl mit Abstandhalter sind geeignet (Bild 47). Putzträger aus Naturmaterial wie Holz oder Schilfrohr sind bei erhöhter Untergrundfeuchte nicht zu empfehlen.

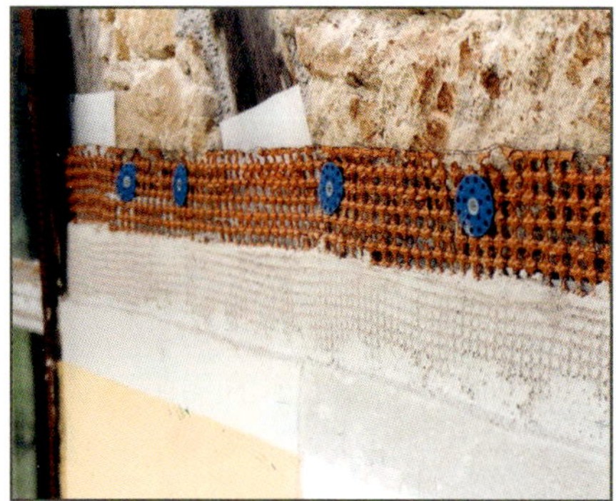

Bild 46: Putzträger aus Ziegeldrahtgewebe

Bild 47: Putzträger aus Edelstahlgewebe, befestigt mit Abstandhalter

5.5.3 Spritzbewurf

Im Altbaubereich sind häufig Natursteinmauerwerke mit teilweise wenig saugenden und glatten Oberflächen (Bild 48) oder Mischmauerwerke mit ungleichmäßigem Saugverhalten vorhanden. Der Spritzbewurf bewirkt dann, dass trotzdem ein ausreichender Haftverbund zwischen Putz und Mauerwerksoberfläche erzielt wird.

Der zum System gehörige Spritzbewurf wird als Putzgrundvorbehandlung netzförmig auf das gut gereinigte Mauerwerk aufgebracht (Bild 49). Um die Diffusionsfähigkeit des Systems nicht zu beeinträchtigen, ist eine volldeckende Auftragsweise nur in Ausnahmefällen geeignet, z. B. bei gipshaltigen Untergründen.

Bild 48: Im Altbaubereich häufig vorhandenes Bruchsteinmauerwerk

Bild 49: Netzförmiger Spritzbewurf auf Vollziegelmauerwerk.

Im Vergleich zu üblichen Kalkzement- bzw. Zementmörteln ist die wirksame Haftfläche von Sanierputzen auf dem Untergrund aufgrund des hohen Porenvolumens geringer. Auch die notwendigen, hydrophobierend wirkenden Additive können die Frischmörtelhaftung verringern. Aus diesen Gründen ist der fachgerecht aufgebrachte Spritzbewurf zur Verbesserung des Haftverbundes erforderlich. Auf den Spritzbewurf kann nur dann verzichtet werden, wenn im Putzgrund ausreichend mechanische Verankerungsmöglichkeiten für den Sanierputz vorhanden sind. Das Weglassen des Spritzbewurfes ist z. B. bei kleinformatigem, saugfähigem Ziegelmauerwerk bei nicht zu hohem Durchfeuchtungsgrad möglich.

5.5.4 Gipshaltige Untergründe

Wenn bei den Voruntersuchungen Calciumsulfat in größeren Gehalten festgestellt wird, muss eine Reaktion zwischen dem zementhaltigen Putzsystem und dem gipshaltigen Untergrund unbedingt vermieden werden. Quelle des Calciumsulfats können die verwendeten Mauersteine (Gipssteine, Anhydrit) oder gipshaltiger Mauermörtel sein, die bei historischer Bausubstanz in verschiedenen Regionen Deutschlands vorkommen (siehe Karte aus WTA 2-11 »Gipsmörtel im historischen Mauerwerksbau und an Fassaden« [51] in Bild 50). Durch Reaktionen mit den feuchten, sulfationenhaltigen Untergründen ist insbesondere bei niedrigen Temperaturen die nachträgliche Bildung von Ettringit oder anderen Treibmineralen möglich, die aufgrund der Volumenvergrößerung zu Putzablösungen führen können. In diesen Fällen haben sich zwei Vorgehensweisen in der Praxis bewährt. Zum einen bieten einige Hersteller dafür spezielle Spritzbewurfmörtel an, deren Bindemittel eine hohe Sulfatwiderstandsfähigkeit aufweisen. Dieser Spritzbewurf wird ausnahmsweise volldeckend aufgebracht. Solche volldeckend aufzubringenden Spritzbewurfmörtel müssen bestimmte Anforderungen gemäß WTA-Merkblatt erfüllen, damit gewährleistet ist, dass die Diffusionseigenschaften und der Kapillartransport nicht wesentlich behindert werden. Zum anderen besteht die Möglichkeit, den Grundputz bzw. den Sanierputz mit sulfatwiderstandsfähigen Zementen herzustellen. Bei beiden Varianten ist zu beachten, dass Spritzbewurf, Grund- und Sanierputz durch den speziellen HS-Zement Mörtel sulfatwiderstandsfähiger werden, jedoch keine absolute Sulfatbeständigkeit gegeben ist. Die über 25-jährige Praxis, seit dem sulfatwiderstandsfähige Sanierputzprodukte angeboten werden, hat jedoch gezeigt, dass diese Maßnahmen in den meisten Fällen genügen. Ettringit oder ähnliche Treibminerale treten in der Regel nicht auf, wenn Putz und Putzgrund nicht langfristig durchfeuchtet bleiben und normale Raumtemperaturen bzw. nur zeitweise niedrige Temperaturen vorherrschen.

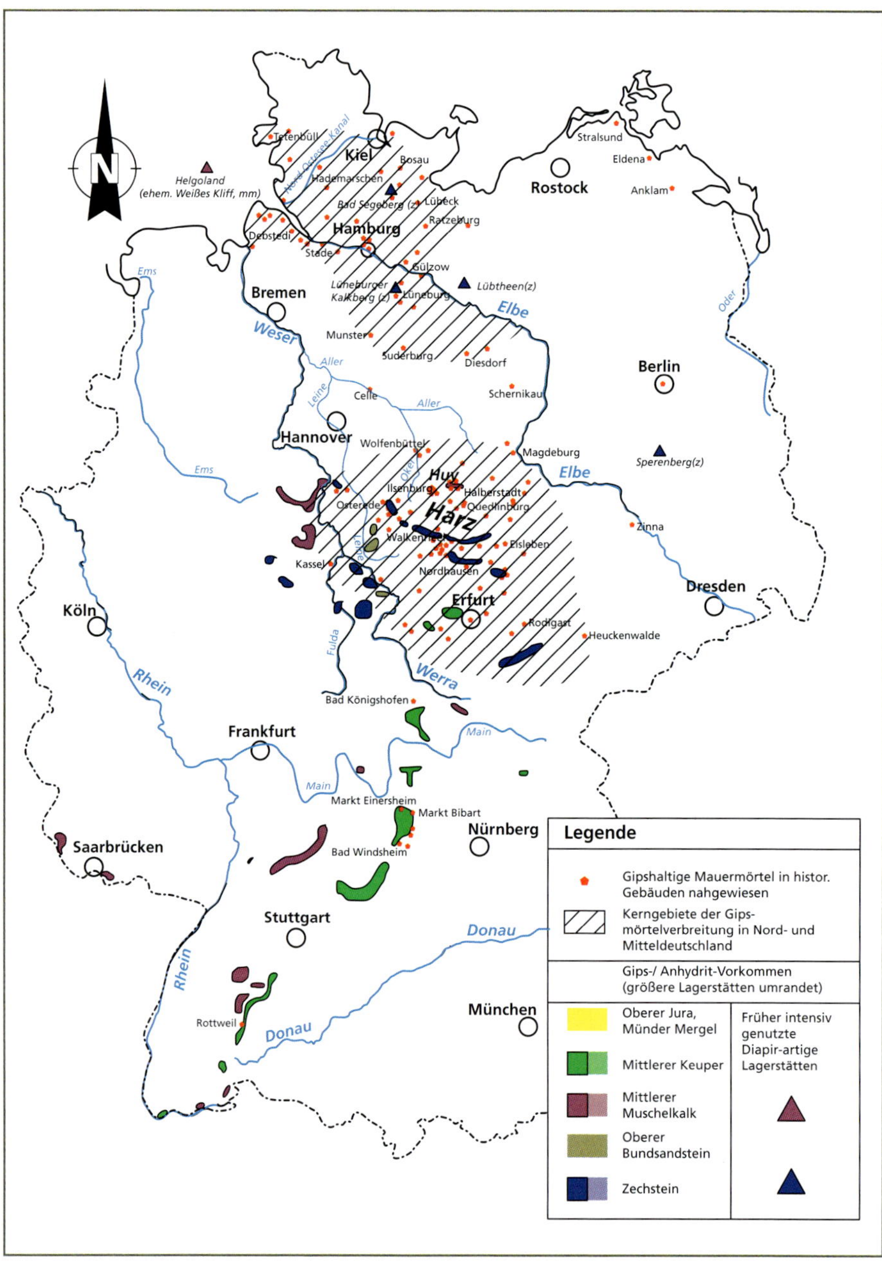

Bild 50: Karte der oberflächennahen Gipsvorkommen in Deutschland und der Verbreitung historischer gipshaltiger Mauermörtel in Bauwerken [51]

5.5.5 Anarbeiten und Überarbeiten sandender Altputze – Einsatz von Putzfestigern

Insbesondere bei historisch wertvollen Putzen wird nur so viel wie nötig, d. h. tatsächlich nur die stark geschädigten Bereiche, entfernt und mit dem Porengrund- oder Sanierputz entlang einer festzulegenden Trennlinie an den Bestand angeputzt. Sandet der Bestandsputz ab, kann er mit einem geeigneten Putzfestiger gefestigt werden. Dafür kommen je nach Bindemittelart und Putzfestigkeit Festiger auf der Basis von Kalk (z. B. Kalkwasser), wässrige Silikate, Kieselsäureester und zum Teil Kombi-Produkte mit Dispersionsanteilen zum Einsatz.

Vor der Festigung ist unter anderem die Eindringtiefe des Festigers in Abhängigkeit von der Porosität, der Porengrößenverteilung und der Feuchte der Putze zu prüfen, bevorzugt an einer Musterfläche. Es sollte möglichst der gesamte Putzquerschnitt penetriert werden, um gleichmäßige Festigkeiten zu erzielen. Bei eher dickschichtigen Putzen mit nur lokaler oder schichtweiser Festigung kann es zur »Überfestigung« der Oberfläche gegenüber den angrenzenden oder tiefer liegenden Putzbereichen kommen. Das kann bei den üblichen thermischen und feuchtetechnisch bedingten Spannungen insbesondere im Außenbereich oder bei Objekten mit großen Schwankungen des Innenraumklimas (durch Aufheizen und Abkühlen und dadurch verursachtes Schwinden und Quellen sowie Ausdehnen und Zusammenziehen) zu Rissen und Hohllagen mit schalenartigen Ablösungen führen.

Bild 51 zeigt den Fassadenabschnitt einer Kirche, wo der salzgeschädigte Sockelputz bereits entfernt und der barocke Bestandsputz darüber, nach einer flächigen Festigung mit einem Kieselsäureester, mit einem dünnschichtigen Kalkputzsystem überputzt wurde. Kurze Zeit nach der Ausführung traten auf der gesamten Fläche netzartige Risse mit großen Netzabständen, Rissbreiten bis 0,2 mm und lokalen Hohlstellen auf (Bild 52, mit Bleistift markiert). Bei der Probenahme (Bild 53) zeigte sich, dass der neue Kalkputz zwar fest auf dem Original-Unterputz haftete, es aber Ablösungen innerhalb des buntkörnigen Originalputzes gab. Der Festiger war aufgrund der Dicke des Putzes von ca. drei bis fünf cm und nicht geeigneter Tränkungsmethode nur wenige Millimeter und ungleichmäßig tief in den oberen Teil des Originalputz-Querschnitts eingedrungen. Der Wirkstoff hatte den penetrierten Bereich derart gefestigt, dass ein Abschalen von der unteren, immer noch weichen, sandenden Original-Putzschicht erfolgte (Bild 54).

Bild 51: Fassadenabschnitt einer Kirche: Der geschädigte Sockelputz wurde entfernt und der gefestigte barocke Bestandsputz darüber überputzt.

Bild 52: Netzartige Risse mit großen Netzabständen, Rissbreiten bis ca. 0,2 mm und Hohlstellen, die zur Visualisierung mit Bleistift markiert wurden.

Bild 53: Neuer Kalkputz haftet fest auf dem Original-Unterputz, dennoch finden sich Ablösungen innerhalb des buntkörnigen Barockputzes.

Bild 54: Ablösung an der nicht gefestigten, immer noch sandenden Original-Putzschicht

Beim Einsatz von Putzfestigern ist in jedem Fall vorab zu prüfen, ob nur die Oberfläche oder der oberflächennahe Teil des Altputzes sandet oder ob das Gefüge im gesamten Querschnitt mürbe ist. Ist der Altputz dickschichtig, ist es nicht möglich, ihn durch Aufstreichen des Wirkstoffs im gesamten Querschnitt zu festigen. Dafür wären ggf. Injektionen notwendig, die von Restauratoren ausgeführt werden sollten, die mit diesen speziellen, sehr aufwendigen Techniken vertraut sind. Zur Auswahl des geeigneten Putzfestigers und vor dessen Einsatz sollten in jedem Fall Musterflächen angelegt und deren Ergebnis durch Fachleute bewertet werden.

Der Anspruch an die handwerklichen Fähigkeiten beim Anarbeiten und Angleichen von Ausbesserungen ist hoch, besonders wenn vorgesehen ist, auf dem Sanierputz und dem angrenzenden, verbleibenden Bestandsputz später einen einheitlichen dünnschichtigen Oberputz aufzutragen und wenn der betreffende Fassadenabschnitt nicht mit einem Anstrichsystem beschichtet werden soll.

5.5.6 Putzprofile bei Sanierputzen

Zur Gestaltung optisch ansprechender Kanten und Putzabschlüsse, insbesondere im Außenbereich, werden zum Teil Putzprofile eingesetzt. Damit es aufgrund der Feuchte- und Salzbelastungen im Untergrund nicht zu Korrosionserscheinungen an den Profilen mit Folgeschäden für den Putz kommt, ist für Sanierputzsysteme nur Edelstahl geeignet, wie auch aus Tabelle 11 aus dem »Merkblatt für Planung und Anwendung von metallischen Putzprofilen im Außen- und Innenbereich« hervorgeht [26].

Tabelle 11: Richtige Kombinationen von Putzprofilen und Putzmörtelart (nach [26], S. 8)

Mörtel / Putz	**Profilmaterialien Außenbereich**					**Profilmaterialien Innenbereich** (ausgenommen Feuchträume und häusliche Bäder)				
	verzinkt	**verzinkt mit Beschichtung**	**verzinkt mit PVC-Kante**	**Aluminium**	**Edelstahl**	**verzinkt**	**verzinkt mit Beschichtung**	**verzinkt mit PVC-Kante**	**Aluminium**	**Edelstahl**
Gipsmörtel u. gipshaltige Mörtel	⊖	⊖	⊖	⊖	⊖	⊕	⊕	⊕	⊕	⊕
Kalkputz	⊕	⊕	⊕	$\oplus_2$	⊕	⊕	⊕	⊕	⊕	⊕
Kalkzementputz	⊕	⊕	⊕	$\oplus_2$	⊕	⊕	⊕	⊕	⊕	⊕
Zementputz	⊕	⊕	⊕	$\oplus_2$	⊕	⊕	⊕	⊕	⊕	⊕
Silikatputz	$\otimes_1$	⊕	⊕	$\oplus_2$	⊕	$\otimes_1$	⊕	⊕	⊕	⊕
Silikonharzputz	$\otimes_1$	⊕	⊕	⊕	⊕	$\otimes_1$	⊕	⊕	⊕	⊕
Kunstharzputz	$\otimes_1$	⊕	⊕	⊕	⊕	$\otimes_1$	⊕	⊕	⊕	⊕
Einlagenputz/Monocouche	⊗	⊕	⊕	$\oplus_2$	⊕	⊕	⊕	⊕	⊕	⊕
Dämmputz	⊕	⊕	⊕	⊖	⊕	⊕	⊕	⊕	⊕	⊕
Sanierputz	⊗	⊗	⊗	⊗	⊕	⊗	⊗	⊗	⊗	⊕
Lehmputze	⊖	⊖	⊖	⊖	⊖	⊗	⊕	⊗	⊕	⊕
Armierungsputz organisch	⊗	⊕	⊗	⊕	⊕	⊗	⊕	⊗	⊕	⊕
Armierungsputz mineralisch	⊕	⊕	⊕	$\oplus_2$	⊕	⊕	⊕	⊕	⊕	⊕
Ansetzmörtel	⊕	⊕	⊕	⊕	⊕	⊕	⊕	⊕	⊕	⊕

1) Bei Oberputzen/Schlussbeschichtungen aus Kunstharz-, Silikonharz- oder Silikatputzen auf mineralischen Untergründen sind eingebaute verzinkte Profile zusätzlich mit einer quarzgefüllten, organisch gebundenen Putzgrundierung (unverdünnt) zu schützen.

2) Aluminium mit Grundbeschichtung.

⊕ zulässig

⊗ nicht zulässig

⊖ nicht geeignet

Die Profile dürfen nicht mit Gips oder gips- bzw. sulfathaltigen Materialien angesetzt werden (siehe dazu Kapitel 5.5.4).

5.6 Höhe des aufzubringenden Sanierputzsystems

Anhand der Befunde der Voruntersuchungen sind vom Fachplaner, ggf. mit Unterstützung der Hersteller, Entscheidungen zu treffen, bis zu welcher Höhe ein Sanierputzsystem erforderlich ist und ab welcher Höhe entweder der intakte Altputz verbleiben oder ein herkömmlicher Fassadenputz aufgebracht werden kann. Die erforderliche Sanierputzhöhe ist maßgeblich abhängig von der Feuchtefront und der Salzbelastung. Vor dem Sanierputzeinsatz wird der geschädigte Altputz möglichst in einer horizontalen Linie abgeschlagen (Bild 55) und das Material entfernt, um ggf. Rückwanderungen besonders leicht löslicher Salze zu vermeiden (siehe auch Kapitel 5.5.1). Da der hygroskopische Durchfeuchtungsgrad im Mauerwerk je nach Klima (Luftfeuchte und Temperatur) auch nach Aufbringen des Sanierputzsystems Veränderungen unterliegt und die Salze (je nach Art und Löslichkeit) »wandern« können, wird von den Herstellern ein Sicherheitszuschlag von etwa 80 bis 100 cm über dem sichtbar geschädigten Bereich empfohlen.

Bild 55: Der Altputz sollte bis zu einer vorab festgelegten horizontalen Linie entfernt werden.

Sind z. B. in einer Kirche erhaltenswerte historische Wandmalereien vorhanden, ist davon abzuraten, direkt unter dem Gemälde ein Sanierputzsystem einzusetzen. Dort sollte ein kapillar aktives Opferputzsystem aufgebracht werden, das zur Vermeidung einer Trocknungsblockade von Zeit zu Zeit zu erneuern ist. Hier ist besonders sensibel vorzugehen: Bereits der hohe Feuchtegehalt beim Neuverputz kann sich ungünstig auf vorhandene Kunstobjekte auswirken.

5.7 Lieferformen und Maschinentechnik

Wie bereits erwähnt, hängt die Funktionssicherheit maßgeblich von der Zusammensetzung und Homogenität der Sanierputzmörtel ab, weshalb WTA-Sanierputze nicht als Baustellenmischungen hergestellt werden können. Das heißt, die Systemkomponenten werden als Werktrockenmörtel entweder als Sackware, in Bigbags, Minitainern oder Silos auf die Baustelle geliefert. Welche Lieferform gewählt wird, hängt unter anderem von der Größe der zu verputzenden Flächen und der Zugängigkeit der Baustelle bzw. des zu verputzenden Bereichs ab. Da Sanierputzsysteme Funktionen erfüllen, die weit über die herkömmlicher Putze hinausgehen, ist die Homogenität der aufwendig rezeptierten Trockenmörtel besonders wichtig. Nur so können auf der gesamten Putzfläche und im Putzquerschnitt gleichmäßige Eigenschaften erreicht werden. Beim Befüllen und dem Transport, vor allem in großen Gebinden wie Silos, ist besondere Sorgfalt erforderlich, um Entmischungen zu vermeiden. Nur durch Materialhomogenität, optimale Wasserzugabe und richtige Verarbeitung entwickelt der Sanierputz die Eigenschaften, die seine Funktionen dauerhaft und in vollem Umfang sichern.

Sanierputzsysteme können von Hand und mit gängigen Putzmaschinen verarbeitet werden (Bild 56). Für welche Verarbeitungsart sich der Sanierputz eignet (Handverarbeitung, Maschinentechnik), ist dem technischen Merkblatt des Herstellers zu entnehmen. In jedem Fall sind vor Ort eine gut verarbeitbare Konsistenz und die Frischmörteleigenschaften gemäß Tabelle 3 des WTA-Merkblatts 2-9 [49] einzustellen (Bild 57).

Bild 56: Moderne Mischpumpenmaschine mit unten angebautem Nachmischer

Bild 57: Überprüfung der Frischmörtelrohdichte mit einer Waage.

In den meisten Fällen werden heute zur Verarbeitung von Grund- und Sanierputzen moderne Putzmaschinen eingesetzt. Zur Verbesserung der Porenbildung kann es sein, dass Zusatzausrüstungen wie Nachmischer oder spezielle Schneckenmäntel erforderlich sind. Zur Qualitätssicherung sollte nach dem Einstellen der geeigneten Konsistenz, vor dem Aufbringen des ersten Mörtels, an der Düse Frischmörtel entnommen werden, um die Rohdichte zu messen (Bild 57). Anhand der Frischmörtelrohdichte kann auf den notwendigen Luftporengehalt geschlossen werden. Besonders bei großen und zusammenhängenden Flächen mit entsprechend großen Putzmengen sollte die Rohdichtemessung von Zeit zu Zeit wiederholt werden.

6 Verarbeitung und Ausführung

6.1 Aufbringen des Putzsystems

Wurde ein Spritzbewurf aufgebracht, muss dieser vor dem Grundputz- bzw. Sanierputzauftrag ausreichend erhärtet sein. Das ist gegeben, wenn beim Überstreichen der Flächen mit der flachen Hand keine Körner mehr herausbrechen. Die erste Lage Grundputz oder Sanierputz wird danach in einer Mindestdicke von 1 cm aufgebracht. Sind größere Vertiefungen im Mauerwerk vorhanden, müssen diese vorher lokal mit Grundputz ausgeglichen werden. Nach dem Abziehen der ersten Putzlage mit der Abziehlatte (Kartätsche) wird das erste Ansteifen abgewartet, bevor die Fläche mit einem Putzkamm oder Gitterrabot aufgeraut wird, damit die zweite Lage gut haften kann. Die erste Lage ist in der Regel ein Grundputz, kann aber auch ein Sanierputz sein (siehe Tabelle 10). Die zweite Lage ist immer ein Sanierputz. Dieser wird aufgeputzt, wenn die erste Lage ausreichend tragfähig ist. Dient die erste Lage auch gleichzeitig zum Ausgleich von Mauerwerksunebenheiten und sind dadurch unterschiedliche Putzdicken entstanden, ist mit dem Auftragen der zweiten Lage etwas länger zu warten, um spätere Rissbildungen zu vermeiden. Als Richtwert ist hier ein Tag pro mm Putzdicke anzusetzen, bei niedrigen Temperaturen, wie z. B. in Kellern, auch bis zu zwei Tagen pro mm Putzdicke.

Bild 58, Bild 59, Bild 60, Bild 61 und Bild 62 zeigen die Arbeitsabfolge vom Aufrauen der ersten Lage aus Porengrundputz über den maschinellen Sanierputzauftrag, das Abziehen, Einebnen und Filzen bis zur Prüfung der notwendigen Mindestputzdicke.

Bild 58: Richtiges Aufrauen des Porengrundputzes mit einem Putzkamm nach dem Ansteifen der Putzschicht

Bild 59: Maschineller Auftrag von Sanierputz

Bild 60: Einebnen des Sanierputzes

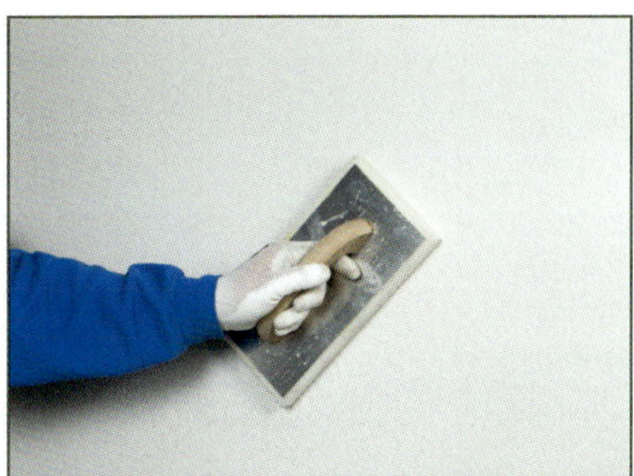

Bild 61: Filzen nach dem Einebnen des Sanierputzes

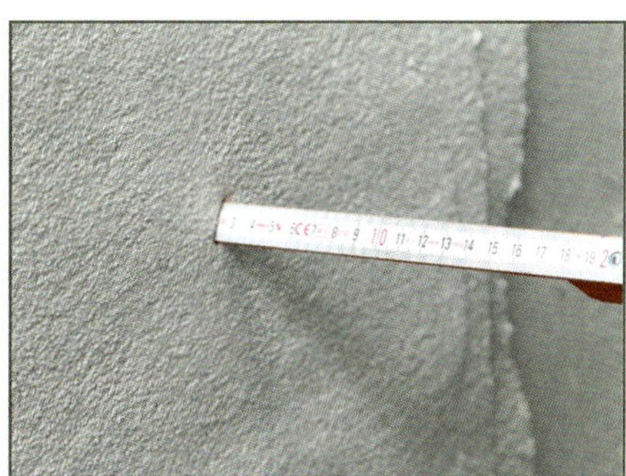

Bild 62: Überprüfung der vorgeschriebenen Mindestputzdicke

In den meisten Fällen wird die Oberfläche der zweiten Lage während des Ansteifens mit einem Schwammbrett so abgerieben, dass eine gleichmäßige optisch einwandfreie Oberfläche entsteht. Abschließend kann, wenn kein durchgefärbter Sanierputz verwendet wurde, nach der Trocknung ein geeignetes Anstrichsystem aufgebracht werden (siehe Kapitel 9). Genügt die abgeriebene bzw. abgefilzte Oberfläche den Ansprüchen nicht und wird eine wesentlich feinere Oberflächenstruktur gewünscht (z. B. bei Fassadenzier wie Diamantbossen), kann zusätzlich eine dünne Schicht eines Glättputzes aufgezogen werden, wie sie einige Sanierputzhersteller für ihr System anbieten. Dieser Glättputz muss selbstverständlich in seinen Eigenschaften, insbesondere mit einem niedrigen Wasserdampfdiffusionswiderstand, zum Sanierputzsystem passen. Im Außenbereich sind für diese zusätzliche Schicht auch wasserabweisende Eigenschaften notwendig. Erfahrungsgemäß sollte für die zusätzlichen Putzschichten im Außenbereich eine Mindestdicke von 3 mm, besser 5 mm eingehalten werden.

Der Charme der Putzfassaden im Altbaubereich besteht oft in ihren aufwendigen, zum Teil baustiltypischen, besonderen Putzweisen. Die Sanierputzsysteme wurden in den vergangenen Jahrzehnten so angepasst, dass auch verschiedene Putzweisen möglich sind (Bild 63). So können z. B. sogenannte Bossen- oder Quaderputze mit Sanierputzen hergestellt werden. Einzelne Hersteller liefern auch Sanierputze für die Putzweise Kratzputz und farbige Sanierputze.

Die Verwendung durchgefärbter Sanierputze mit mineralischen Pigmenten kann neben der ästhetischen Wirkung auch technische Vorteile bringen, z. B. um auf zusätzliche, die Trocknung beeinflussende Beschichtungen verzichten zu können.

Ob man sich bei durchgefärbten Sanierputzmörteln (außer in der Putzweise Kratzputz) für einen Egalisieranstrich entscheidet, hängt vor allem von den ästhetischen Anforderungen des Bauherrn ab, inwieweit ein etwas ungleichmäßiges Erscheinungsbild toleriert oder sogar gewünscht wird oder ob auf einen monochromen Gesamteindruck Wert gelegt wird.

Bild 63: Mit Sanierputzen können auch Putzquaderungen hergestellt werden.

6.2 Anpassung der Putzdicke an den Bestand

Da die gemäß WTA-Merkblatt 2-9 [49] vorgeschriebenen Mindestputzdicken zur Gewährleistung der Funktionssicherheit und Dauerhaftigkeit der Sanierputzsysteme so wichtig sind, soll in diesem Abschnitt auf die häufig anspruchsvolle Anpassung der Putzdicken an den Bestand eingegangen werden.

Durch zum Teil geringe vorhandene Altputzdicken und ungleichmäßige Untergründe sind gleichmäßige Mindestdicken handwerklich nicht immer umzusetzen.

Besonders anspruchsvoll in Planung und Umsetzung ist die Anpassung der Putzdicke an Fassadenelementen mit Materialwechseln wie an bestehende Eckquaderungen, Gesimse oder Fenstereinfassungen.

Anschluss an Fassadenelemente

Der Sanierputz sollte möglichst bündig mit der Oberfläche des Fassadenelements sein und derart von diesem getrennt, dass das Oberflächenwasser nicht »hinterläufig« ist und dadurch entweder den Sanierputz oder das anschließende Material übermäßig beansprucht. Das ist besonders bei exponierten Lagen und häufigen Frost-Tau-Wechseln wichtig. Gegen null auslaufende Putzdicken und hervorstehende Sanierputze sollten vermieden werden, da der Putz an dieser Stelle der freibewitterten Fassade ansonsten überbeansprucht wird und nur begrenzt hält.

Bild 64 zeigt schematisch falsche bzw. ungünstige und richtige Möglichkeiten der Anschlussgestaltung. Dafür kann es erforderlich sein, durch Abspitzen eines schmalen Mauerwerkstreifens eine gleichmäßige und ausreichende Tiefe für die erforderlichen Mindestputzdicken in diesen Bereichen zu schaffen, wie in Bild 65 gezeigt wird. Diese Leistung ist vom Planer zusätzlich vorzusehen (siehe Kapitel 14).

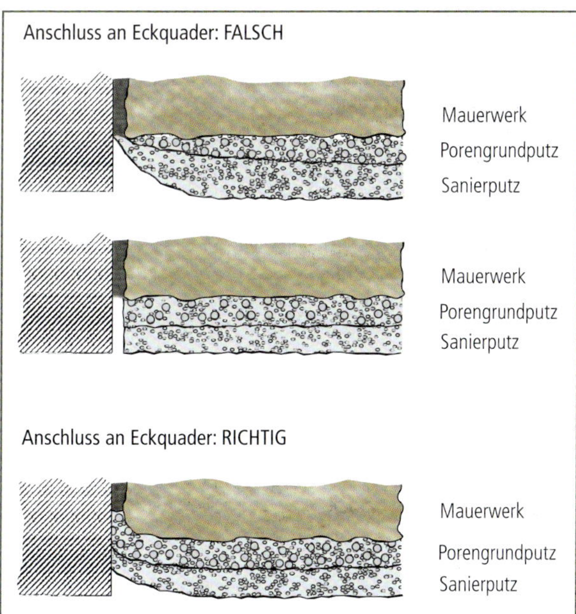

Bild 64: Falsche bzw. ungünstige und richtige Möglichkeiten der Anschlussgestaltung

Liegt im Anschlussbereich zum Bestand z.B. in größeren Fassadenhöhen eine deutlich geringere Feuchte- und Salzbelastung vor, ist dort unter Umständen eine Unterschreitung der Mindestputzdicke möglich. Auch vorbehandelnde Maßnahmen zur Reduzierung der Salzgehalte in den betreffenden Anschlussbereichen, z.B. der Einsatz von Kompressen, können dazu beitragen, dass das Sanierputzsystem trotz der Minderdicke funktioniert.

In den unteren Fassadenabschnitten, insbesondere den Spritzwasserbereichen, ist hingegen mit höheren Feuchte- und Salzbelastungen zu rechnen, weshalb dort die Mindestputzdicke unbedingt einzuhalten ist.

Bild 65: Nach dem Abspitzen eines Teils der Mauerwerksoberfläche, für eine gleichmäßige und ausreichende Dicke des Putzsystems und dem »Auswerfen« des Anschlussbereichs zur Sandsteineinfassung mit einem Grundputz

6.3 Sanierschlämmen

Wenn Oberflächen historischer Gebäude anstelle eines Putzes eine dünne Schlämmschicht aufweisen, ist es meist erwünscht, auch bei der Instandsetzung nur eine dünne Beschichtung aufzubringen. Es kann auch aufgrund der Fassadengliederung, vorhandener Fassadenzier, Materialwechseln z.B. an Fenstern oder Ecken und konstruktiver Detailausbildungen unmöglich sein, ein mindestens 2 cm dickes Sanierputzsystem aufzubringen. Für diese Fälle bieten einzelne Sanierputzhersteller sogenannte Sanierschlämmen an (Bild 66). Dabei handelt es sich um systemzugehörige Werktrockenmörtel mit sanierputzähnlichen Eigenschaften. Da sie in geringerer Dicke eingesetzt werden, sind sie in der Regel stärker hydrophobiert.

Sanierschlämmen können nur einen Kompromiss darstellen. Sie werden eine längere Lebensdauer als einfache Kalkschlämmen haben, sollten aber nur auf gering salzbelasteten Untergründen eingesetzt werden. Werden sie in Innenräumen verwendet, ist ein günstiges Trocknungsklima nach der Applikation besonders wichtig, damit sich die Hydrophobie sehr schnell ausbilden kann und aufgrund der geringen Schichtdicke ggf. frühzeitige Salzdurchdringungen vermieden werden.

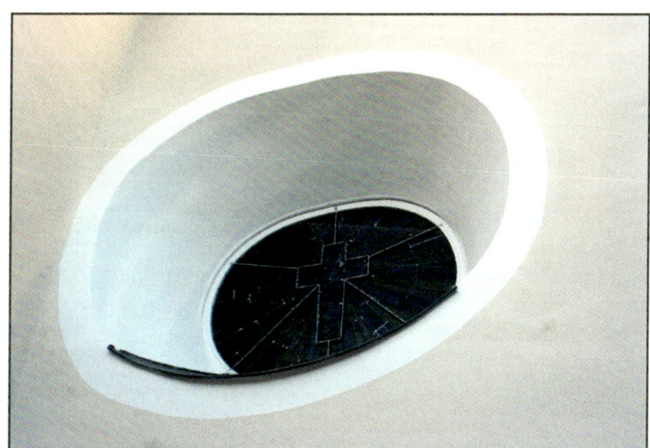

Bild 66: Sanierschlämme an der Laibung eines Kirchenfensters

6.4 Klimabedingungen im Verarbeitungszeitraum

Im *Außenbereich* sind – wie für alle Putze – hohe Temperaturen, rasche Temperaturwechsel, intensive Sonneneinstrahlung und austrocknende Winde besonders ungünstig. Der frisch aufgetragene Sanierputz muss davor geschützt werden. Werden für Grund- und Sanierputze die normalerweise üblichen Portlandzemente eingesetzt, kann in der kühleren Jahreszeit auch bei Temperaturen unter 10 °C gearbeitet werden. Kritisch wird es, wie bei allen mineralischen Mörteln, unterhalb 5 °C, da dann die Zementerhärtung allmählich zum Stillstand kommt. Durch den hohen Luftporenanteil sind Sanierputze im erhärteten Zustand zwar weniger frostempfindlich als übliche Putzmörtel gleicher Festigkeitsklasse, aber in der Frühphase dürfen auch sie nicht überbeansprucht werden. Deshalb sollte nicht geputzt werden, wenn Nachtfrost oder eine beginnende Frostperiode zu erwarten ist. Bei kühleren Temperaturen und ausreichendem Feuchteangebot werden die Putze zwar langsamer erhärten als im Sommer, erreichen aber höhere Festigkeiten.

Im *Innenbereich* werden Sanierputzsysteme häufig zum Verputzen feuchter Kellerräume eingesetzt. Hier ist vorab die Ursache der erhöhten Feuchte zu klären. Dringt durch die Kelleraußenwände oder über den Fundamentbereich in erhöhtem Maße Feuchtigkeit ein, sind Sanierputze als alleinige Instandsetzungsmaßnahme häufig überfordert (siehe auch Kapitel 10.9). Wenn der Sanierputz den Voruntersuchungen zufolge problemlos eingesetzt werden kann, ist nach dem Verputzen ein Innenklima zu schaffen, bei dem das Sanierputzsystem möglichst schnell abtrocknen kann. Erst beim Trocknen stellt sich die für das Funktionieren des Systems notwendige Hydrophobie ein. Wenn normales Lüften nicht ausreicht oder durch unzureichende Öffnungen nicht möglich ist (z. B. in Kellern), müssen zusätzlich Raumlufttrockner aufgestellt werden (siehe Bild 40). Dies sollte nicht sofort, sondern frühestens ab dem dritten Tag nach dem Verputzen erfolgen. Das Sanierputzsystem kann auch bei sehr hoher Luftfeuchte erhärten, jedoch nicht austrocknen. Wenn sich die Hydrophobie nicht einstellt, können Salze aus dem Untergrund nicht nur in den Putzquerschnitt eindringen, sondern bis zur Oberfläche »durchschlagen« (Bild 67). Dadurch kann der Sanierungserfolg gefährdet werden. Im Außenbereich besteht diese Gefahr weniger, da selten über einen langen Zeitraum zu hohe Luftfeuchten herrschen.

Bild 67: Durchschlagen von Salzen durch frischen Putz

7 Spritzwasserbereiche und Sockelgestaltung

Die meisten Schäden durch Feuchte und Salze entstehen in Sockel- und sonstigen Spritzwasserbereichen. Der Sockelbereich ist nicht nur Spritzwasser, Frost-Tauwechseln, Schnee und mechanischen Beanspruchung ausgesetzt, sondern auch am stärksten tausalzbelastet. Deshalb sind diese Flächen in der Bausanierung und Denkmalpflege eines der Haupteinsatzgebiete für Sanierputzsysteme.

Zunehmende Schäden an Sockelputzen und deren Beschichtungen sowie das Fehlen von Regelwerken für die richtige detailbezogene Planung und Ausführung an der Schnittstelle Fassadensockel/Außenanlage veranlassten den Fachverband der Stuckateure für Ausbau und Fassade, Baden-Württemberg gemeinsam mit dem Verband Garten-, Landschafts-und Sportplatzbau Baden-Württemberg e. V., im August 2002 zur Herausgabe der »Richtlinie für die fachgerechte Planung und Ausführung des Fassadensockelputzes sowie des Anschlusses der Außenanlagen« [27]. Die »Sockelrichtlinie«, wie sie in Fachkreisen genannt wird, ist 2004 in 2. Auflage und 2013 in 3. überarbeiteter Auflage erschienen. Sie ist in der Praxis eingeführt und hat sich langjährig bewährt. In Tabelle 3 der Sockelrichtlinie wird auf die Sanierputze hingewiesen, die aufgrund ihrer besonderen Zusammensetzung, trotz vergleichsweise geringer Druckfestigkeit sockelgeeignet sind.

In der früheren Normenreihe für die Bauwerksabdichtung von Neubauten DIN 18195 wurde der Feuchteeintrag über den Sockel nur insoweit berücksichtigt, dass durch die Abdichtung der tragenden Bausubstanz das aufgehende tragende Mauerwerk geschützt wurde. Mit der neuen Normenreihe 1853X seit 2017 wurden für den Außenbereich die Wassereinwirkungsklassen W1-E bis W4-E neu eingeführt. Die Wassereinwirkungsklasse W4-E »Spritzwasser und Bodenfeuchte am Wandsockel sowie Kapillarwasser in und unter Wänden« wird in DIN 18533 *Abdichtung von erdberührten Bauteilen* geregelt:

> *»Am Wandsockel ist im Bereich von etwa 20 cm unter GOK bis ca. 30 cm über GOK mit W4-E zu rechnen, wenn nicht durch den Bemessungswasserstand oder aufgrund des nicht gedränten, wenig wasserdurchlässigen anstehenden Bodens mit W2-E zu rechnen ist.«* ([33], Abschnitt 5.1)

Beim Einsatz von Sanierputzen im Sockelbereich muss unbedingt darauf geachtet werden, dass sie ungeschützt wirklich nur oberhalb des Geländes bzw. ab Oberkante des Gehweges eingesetzt werden. Unterhalb sind Abdichtungsmaßnahmen notwendig (siehe Kapitel 4.2). Da auch Sanierputze kapillar aktiv sind, wenn auch weniger als herkömmliche Putze, sind Feuchtigkeitswanderungen in stark spritzwasser- und tausalzbelasteten Bereichen nicht auszuschließen. Ohne Schutz des Sanierputzes im Übergangsbereich erdberührt zu luftberührt können wie bei herkömmlichen Putzen Abplatzungen auftreten, wie das z. B. in der Sockelrichtlinie unter 5.1 grafisch dargestellt ist (Bild 68).

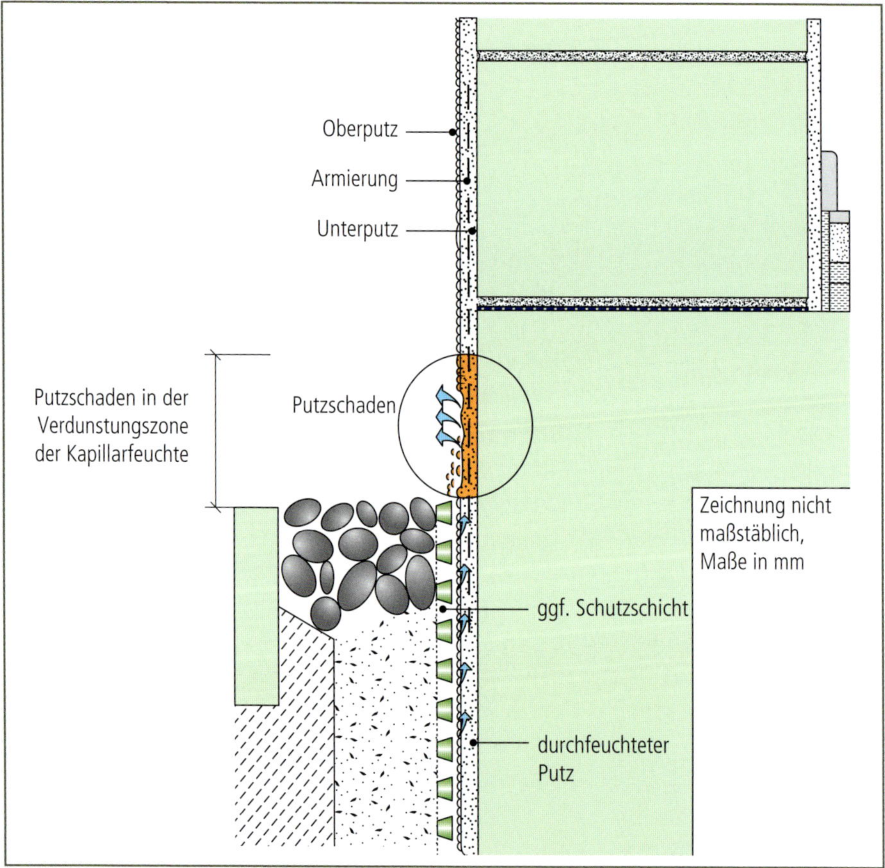

Bild 68: Fehlt die Abdichtung auf dem Putz im Übergang vom erdberührten Bereich zum spritzwasserbelasteten Bereich über Gelände, wird der Putz überbeansprucht und platzt ab (aus [27], S. 88).

Die Folgen einer fehlerhaften Ausführung zeigt beispielhaft Bild 69. Hier sind hygroskopische Flecken und lokale Abplatzungen eines Sanierputzes nach ca. sechs Jahren Standzeit zu erkennen, weil der Übergang vom erdberührten Bereich zum spritzwasserbelasteten Bereich über Gelände nicht abgedichtet wurde.

Bild 69: Flecken und Abplatzungen an einem Sanierputz ohne Abdichtung im Übergang vom erdberührten zum spritzwasserbelasteten Bereich.

Es wird deshalb empfohlen, entweder zwischen Gehweg und Sanierputz einen Trennschnitt mit einer hoch wasserabweisenden Beschichtung am unteren Putzquerschnitt anzulegen oder den Sanierputz bis wenige Zentimeter unter Gelände zu führen und ihn mit einer mineralischen Dichtschlämme vom erdberührten Bereich bis ca. 5 cm über Gelände abzudichten.

Bild 70 zeigt schematisch einen möglichen fachgerechten Aufbau in Anlehnung an die Vorgaben der Sockelrichtlinie [27], Bild 71 die Abdichtung eines Sanierputzes mit Dichtschlämme am Übergang vom erdberührten in den Spritzwasserbereich, die anschließend mit dem gleichen sockelgeeigneten, Wasser abweisenden Anstrichsystem beschichtet wurden.

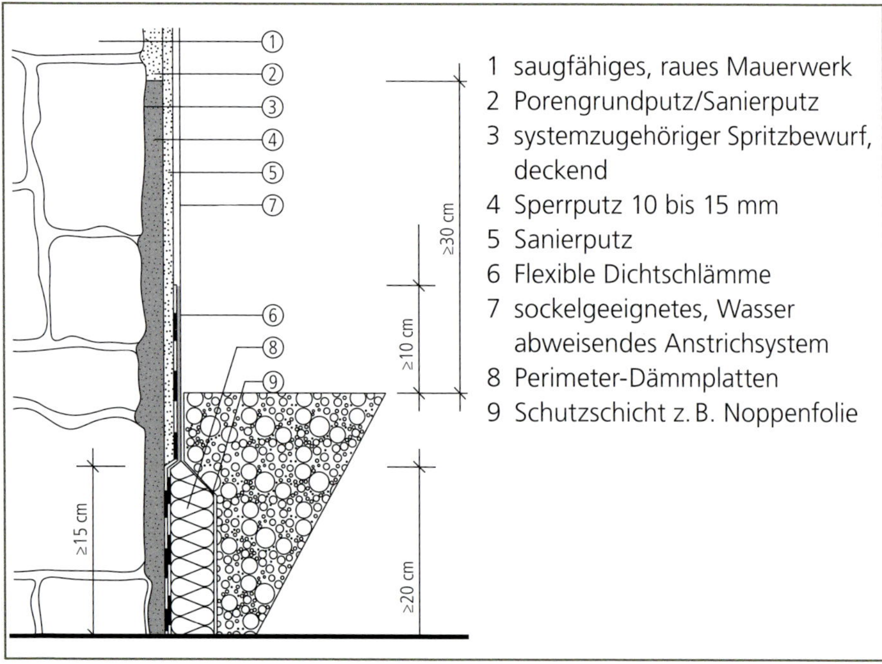

Bild 70: Schematische Darstellung der Abdichtung eines Sanierputzes mit Dichtschlämme am Übergang vom erdberührten in den Spritzwasserbereich

Bild 71: Fachgerechte Abdichtung eines Sanierputzes mit Dichtschlämme am Übergang vom erdberührten in den Spritzwasserbereich

Bevor im Spritzwasserbereich Beschichtungen auf die trockene Sanierputzfläche aufgebracht werden, muss fachgerecht vorgenässt werden. Auch eine wasserabweisende, tief eindringende Grundierung kann zusätzlichen Schutz vor Feuchte- und Salzeintrag bieten. Diese darf die Diffusionseigenschaften jedoch nur geringfügig beeinträchtigen. Wichtiger für den dauerhaften Schutz in diesem hoch beanspruchten Bereich ist jedoch der wasserabweisende sockelgeeignete Anstrich in mindestens zwei Schichten.

Einheitliches Fassadenbild

Wird der gesamte Fassadenputz neugestaltet und nur der untere Bereich wegen Salz- und Feuchteproblemen mit Sanierputz verputzt, muss zur Erzielung eines gleichmäßigen Fassadenbildes aufgrund der Verwendung unterschiedlicher Unterputze folgendes beachtet werden:

- Da Sanierputze wasserabweisend sind, sollte auch der weiter oben aufgebrachte Unterputz vergleichbare wasserabweisende Eigenschaften aufweisen.
- Wurde ein nicht wasserabweisender, saugender Unterputz verwendet, wird empfohlen, vor dem Oberputzauftrag eine Grundierung aufzubringen, die das kapillare Saugen des Unterputzes reduziert und dem des Sanierputzes angleicht.

Auch bei fachgerechter Gestaltung bedarf der Sockel, aufgrund der genannten höheren Beanspruchungen als an der Fassade, in gewissen Zeitabständen einer Inspektion und Wartung, z. B. durch Reinigung und speziell sockelgeeignete Renovierungsanstriche. Das betrifft nicht nur Sanierputze im Spritzwasserbereich, sondern alle Sockelputze.

8 Oberputze und Anstriche auf Sanierputzsystemen

In vielen Fällen ist es erforderlich, mit dem Sanierputzsystem weit über die eigentliche Spritzwasserzone hinaus zu verputzen. Ist der darüber liegende vorhandene Fassadenputz noch intakt und kann verbleiben, sollte der geschädigte Putz darunter in festzulegender Höhe, mit möglichst gleichmäßiger, waagrechter Trennlinie, entfernt werden. Insbesondere wenn dafür eine Trennscheibe verwendet wird, muss der entstehende Staub gründlich entfernt werden, damit später am Übergang zwischen Fassaden- und Sanierputz kein Riss entsteht. Weicht die Struktur des Sanierputzes zu stark vom vorhandenen Oberputz ab und ist keine Fassadengliederung, z. B. durch Gesimsbänder, zur optischen Trennung vorhanden, sollte auf der Sanierputzfläche ein neuer Oberputz aufgebracht werden. Dazu wird die Oberfläche des Sanierputzsystems nach ausreichender Erhärtung und Trocknung zur Verbesserung der Haftung des Oberputzes aufgeraut. Erhält nur der Bereich mit dem Sanierputzsystem einen neuen Oberputz, ist dieser in Zusammensetzung, Körnung und Putzweise dem vorhandenen Oberputz weitgehend anzugleichen. Einige Trockenmörtelhersteller stellen dafür geeignete Sondermischungen zur Verfügung. Neben ausreichender Wasserdampfdiffusionsfähigkeit, diese ist bei mineralischen Außenputzen außer bei reinen Zementputzen in der Regel gegeben, werden nach dem WTA-Merkblatt zusätzlich auch wasserabweisende Eigenschaften gemäß DIN 18550 gefordert ($w \leq 0{,}5$ kg/($m^2h^{0,5}$).

Die Struktur des verbleibenden Bestandsoberputzes kann nur durch einen Oberputz mit ähnlicher Gesteinskörnung und Sieblinie angeglichen werden. Eine farbliche Anpassung ist durch eine farbige Beschichtung möglich, das heißt ein Anstrichsystem, das die Anforderungen des WTA-Merkblattes erfüllen muss (Tabelle 12). Dabei ist zu berücksichtigen, dass mit dem Anstrichsystem keine Unregelmäßigkeiten in der Putzoberfläche, wie das Abzeichnen von Gerüstebenen oder –löchern, ausgeglichen werden können. Bei intensiven Farbtönen ist es insbesondere in stoßbeanspruchten Bereichen, wie Eingangsbereichen öffentlicher Gebäude, zu empfehlen, den Sanierputz einzufärben, bevor das gleichfarbige Anstrichsystem aufgetragen wird.

Tabelle 12: Anforderungen an mögliche Deckschichten auf Sanierputz nach WTA 2-9-20 ([49] Tabelle 4)

Anstriche/Beschichtungen im Innenbereich		
Diffusionsgleichwertige Luftschichtdicke s_d	in m	<0,2 (jede einzelne Schicht)
Anstriche / Beschichtungen im Außenbereich		
Diffusionsgleichwertige Luftschichtdicke s_d	in m	<0,2 (jede einzelne Schicht)
Wasseraufnahmekoeffizient 1)	in $kg/(m^2h^{0,5})$	< 0,15
Mineralische Oberputze im Außenbereich		
Kapillare Wasseraufnahme 2)		W2 oder Hersteller-angabe

1) Prüfung nach WTA-Merkblatt 2-12-13/D [52]

2) Prüfung nach DIN 1015-18:2003 [41], Kategorie nach DIN EN 998-1:2017 [40]

Wird im Rahmen der Gebäudeinstandsetzung die gesamte Fassadenfläche neu verputzt, kann der untere, feuchte- und salzbelastete Bereich mit einem Sanierputzsystem und die oberen Bereiche mit einem üblichen Fassadenputz verputzt werden. Um der verständlichen Forderung des Bauherrn nach einer gleichmäßigen Fassadenoberfläche nachzukommen, dürfen die unterschiedlichen Unterputze nach dem Oberputzauftrag nicht in Erscheinung treten. Hierfür ist Folgendes zu beachten: Sanierputzsysteme sind immer wasserabweisend und entziehen dem frisch aufgebrachten Oberputz kaum Feuchte. Fassadenunterputze in den Schlagregenzonen II und III gemäß DIN 4108 [36] können gemäß Tabelle DE.5 in DIN 18550-1 [32] ebenfalls wasserabweisend eingestellt sein, haben aber selbst bei wasserabweisender Ausrüstung einen z.T. etwas höheren w-Wert (= kapillare Wasseraufnahme) als Sanierputze. Übliche Fassadenunterputze in der Schlagregenzone I gemäß DIN 4108 [36] müssen nicht wasserabweisend sein und entziehen dem Oberputz selbst nach gutem Vornässen Anmachwasser. Dies führt bei durchgefärbten Oberputzen, z.B. Edelputzen, oberhalb der Flächen mit Sanierputzen und herkömmlichen Unterputzen zu Farbtonunterschieden beim Erhärten und Trocknen.

Mit folgenden Möglichkeiten kann man diese optische Unregelmäßigkeiten vermeiden:

- Kommt ein Sanierputzsystem zum Einsatz, dann sollte der weiter oben aufgebrachte Unterputz ebenfalls ausreichende wasserabweisende Eigenschaften aufweisen.
- Wurde ein nicht wasserabweisender, saugender Unterputz verwendet, ist vor dem Auftrag des Oberputzes ein Grundieranstrich zu empfehlen, der das kapillare Saugen des Unterputzes stark reduziert.
- Für hohe Gleichmäßigkeit sollten durchgefärbte Oberputze, mit Ausnahme der Putzweise Kratzputz, nach gleichmäßiger Abtrocknung mit einem Egalisationsanstrich (nur eine Anstrichschicht) versehen werden.

An Anstrichsysteme im Innenbereich auf Sanierputzen ist nur die Anforderung einer diffusionsgleichwertigen Luftschichtdicke von $s_d < 0{,}2$ m zu stellen (siehe Tabelle 4). Ungeeignet sind glatte, dichte Beschichtungen, die in Spachtel-/Presstechnik (z. B. klassische Marmorinotechnik oder Kalkglättetechnik) aufgetragen werden. Selbst wenn es sich um mineralische Beschichtungen handelt, wird die Oberfläche durch diese spezielle Verarbeitungstechnik derart verdichtet, dass der Diffusionswiderstand für die Funktion des Sanierputzes zu hoch ist.

Bewitterte Deckschichten, das heißt Anstriche auf Sanierputzen im Außenbereich, sind nur dann ausreichend dauerhaft, wenn zusätzlich zur notwendigen Diffusionsfähigkeit jede einzelne Schicht wasserabweisend ist.

Geeignete Anstrichsysteme sind Silikatfarben, Dispersionssilikatfarben, wässrige Silikonharzemulsionsfarben und im Innenbereich Kalkfarben, Kalkweißzementfarben und ggf. auch schwach gebundene Dispersionsfarben. Im Außenbereich muss beachtet werden, dass Anstriche entweder ausreichend wasserabweisend ausgerüstet sind oder nachträglich mit einer wasserabweisenden Imprägnierung versehen werden müssen. An einer Fassade vorhandene unterschiedliche Putzsysteme können unterschiedliche kapillare Wasseraufnahmen aufweisen. Eine ungleichmäßige Wasseraufnahme führt nicht nur bei Beregnung zu Farbtonunterschieden zwischen Fassadenputz und Sanierputz, sondern auch zu bleibenden Farbtonveränderungen im Laufe der Zeit.

Werden Sanierputzflächen mit reinen Silikatfarben (= Zweikomponentenfarben) gestrichen, ist auf eine ausreichende Festigkeit des Sanierputzes zu achten, damit auftretende Trocknungsspannungen des Anstrichs nicht zu Putzschädigungen und Anstrichablösungen führen. Bei diesem Anstrichsystem kann es erforderlich sein, dass die Sanierputzoberfläche vor dem Aufbringen des Anstrichs abgeätzt wird, damit ein ausreichender Haftverbund erreicht wird. Dafür sind die Hinweise des Anstrichherstellers zu beachten und das Anlegen einer Musterfläche zu empfehlen. Die im Außenbereich notwendige wasserabweisende Ausrüstung wird bei diesem Farbsystem durch eine nachträglich aufgebrachte, wasserabweisende Imprägnierung, z. B. mit Produkten auf Siloxanbasis erzielt.

Funktionen von Beschichtungen

Putze, Anstriche und sonstige Beschichtungen auf WTA-Sanierputzen erfüllen technische und optische Aufgaben. Sie dürfen die Wasserdampfdurchlässigkeit des Systems nicht negativ beeinflussen. Im Außenbereich müssen die Oberputze und Beschichtungsstoffe für einen ausreichenden Witterungsschutz wasserabweisend sein. Für eine gleichmäßige Farbwirkung im Fassadenbereich übernehmen die wasserabweisenden Anstriche nicht nur die Farbgebung, sondern auch die Angleichung der Wasseraufnahme verbleibender Putze an die Sanierputzoberflächen.

9 Anwendungsgrenzen oder Zusatzmaßnahmen

9.1 Räume mit hoher relativer Luftfeuchte

Sollen Sanierputzsysteme im Innenbereich mit ständig oder wiederkehrend hohen Luftfeuchten eingesetzt werden, müssen zuvor über einen angemessenen Zeitraum Raumklimauntersuchungen durchgeführt werden. Wenn der Taupunkt permanent innerhalb des Sanierputzquerschnittes liegt, wird das anfallende Tauwasser auch bei einem funktionsfähigen Sanierputzsystem über kurz oder lang zur Durchfeuchtung führen. Die Funktion der Sanierputzsysteme kann dadurch gefährdet werden, das heißt, es kann beispielsweise zu Durchsalzungen kommen. Das ist vor allem bei Kirchen zu beachten, wo Sanierputze häufig eingesetzt werden. Die unteren Bereiche feuchter, salzbelasteter Kirchenaußenwände weisen aufgrund der Durchfeuchtung kaum eine Wärmedämmwirkung auf. Da die Kirchenräume nicht permanent genutzt werden, aber meist regelmäßig kurzzeitig stark frequentiert sind, ergeben sich große Schwankungen der relativen Luftfeuchten, Raumtemperaturen und Wandoberflächentemperaturen. Werden Kirchen beheizt, dann eher kurzzeitig, mit Zunahme der Luftfeuchte durch die Kirchenbesucher und erhöhter Feuchteaufnahme der Luft bei steigender Temperatur. Nach den Gottesdiensten kühlt die Kirche dann aus. Die von den Besuchern eingetragene Feuchte in der Luft kann an den kalten Wänden kondensieren und vorhandene Beschichtungen, wie z. B. Wandmalereien, beeinträchtigen. Für Räume mit solchen Randbedingungen haben sich Kombinationen aus mineralischer Wärmedämmschicht und Sanierputz bewährt.

9.1.1 Kombinationen aus mineralischer Wärmedämmschicht und Sanierputz

Anstelle z. B. eines Porengrundputzes kann als Unterputz ein mineralischer Wärmedämmputz gemäß DIN 18550-1 [32] in Dicken zwischen 2 cm und 10 cm auf das Mauerwerk aufgebracht werden.

Sanierputze erfüllen bezüglich Wasserabweisung und Druckfestigkeit die Anforderungen der DIN 18550-1 an Oberputze auf Wärmedämmputzen, wenn die Druckfestigkeit des Sanierputzes 3,0 N/mm² nicht wesentlich überschreitet.

Die Zeitspanne vor dem Aufbringen des Sanierputzes sollte mindestens sieben Tage betragen. Bei hohen Luftfeuchten und niedrigen Temperaturen sind längere Wartezeiten einzuplanen. Bei nicht tragfähigen Putzgründen oder stark ungleichmäßigen und/oder großen Putzdicken können für die Wärmedämmputze geeignete wellenförmige oder ebene Putzträger verwendet werden (Bild 72).

Bild 72: Wellenförmiger Putzträger für den Wärmedämmputz (Quelle: HECK Wall Systems GmbH, Marktredwitz)

Auf den erhärteten, an der Oberfläche aufgerauten Dämmputz kann der Sanierputz in einer Dicke von ca. 1,5 cm aufgebracht werden. Der Wärmedämmputz und der Sanierputz sollten vorzugsweise vom selben Hersteller geliefert werden. Zur Vermeidung von Rissen ist das Einlegen eines alkalibeständigen Glasgittergewebes im oberen Drittel der Sanierputzschicht zu empfehlen, damit durch den rissfreien Sanierputz keine Feuchte von außen eindringt und die, zur Verlagerung des Taupunkts, notwendige Dämmwirkung des Dämmputzes durch die Feuchte nicht reduziert wird. Diese Putz-Kombination wurde bereits an mehreren Objekten mit Erfolg eingesetzt, auch bei inhomogenen Mauerwerksflächen mit stark schwankenden Dämmputzdicken.

9.1.2 Vermeidung von Schimmelpilzbildung

In Räumen mit ständig hohen Luftfeuchten ist auf gestrichenen und ungestrichenen Sanierputzoberflächen Schimmelpilzbildung nicht auszuschließen. Obwohl Sanierputzflächen innen, z. B. in Kircheninnenräumen, vielfach mit einfachen, hoch alkalischen Kalkanstrichen versehen werden, kann nach deren Karbonatisierung Befall, z. B. mit Schwarzschimmel, auftreten, der durch organische Zusätze in solchen Kalkanstrichen gefördert wird. Als Nährboden dafür genügen bereits die seit alters her verwendeten Leinölzusätze. Aus diesem Grund sollten in Räumen mit hoher oder ständig wechselnder Luftfeuchte bevorzugt fungizid ausgerüstete Anstriche verwendet oder die Flächen vorbeugend vor Kalkanstrichen bei kritischen raumklimatischen Bedingungen mit einem fungiziden Anstrich behandelt werden.

9.2 Hohe Nitratsalzgehalte

Grenzen für die Anwendbarkeit von Sanierputzsystemen können bei sehr hohen Nitratsalzgehalten gegeben sein. Eine Salzumwandlung vor dem Sanierputzauftrag ist aus den in Kapitel 5 genannten Gründen nicht möglich.

Hohe Nitratgehalte sind vor allem im Bereich ehemaliger Stallungen zu finden. Bei der Umnutzung alter Bauernhäuser werden vorhandene Stallungen im Gebäude oftmals zu Wohnräumen ausgebaut. Durch die Tierhaltung über viele Jahrzehnte haben sich im Mauerwerk erhebliche Mengen von Nitratverbindungen angereichert, die insbesondere bei sogenannten kombinierten Wohn-Stall-Häusern auch in die Flure oder Wohnräume »gewandert« sein können und hohe Ansprüche an die Sanierungsmaterialien stellen. Die vorhandenen Putzschäden lassen nicht in jedem Fall auf die vorhandenen Nitrate schließen, insbesondere wenn die Räume längere Zeit nicht mehr als Stall genutzt wurden und leer standen, weil sich die Nitrate bei erhöhten Luftfeuchten in der Regel in Lösung befinden.

Bei Untersuchungen solcher Stallungen hat sich gezeigt, dass die höchsten Nitratsalzanreicherungen häufig im Bereich der Deckengewölbe zu finden sind, weil dort günstige Trocknungsbedingungen vorherrschen.

Wenn ein solcher Raum später hochwertig, z. B. als Wohnraum genutzt wird, verändert sich das Innenklima. Es treten häufigere Klimawechsel auf, die Lufttemperaturen steigen und die relative Luftfeuchte sinkt auf wohnübliche Werte von ca. 50 %.

Es ist natürlich verlockend, ein altes Ziegelgewölbe vom Putz zu befreien und im künftigen Wohnraum als Ziegelsichtgewölbe zu belassen, aber durch die nutzungsbedingten, üblichen Schwankungen der Luftfeuchte um ca. 50 % rel. Feuchte, zeitweise auch darunter, kommt es durch Kristallisations- und Hydratationsdrücke der Salze im oberflächennahen Bereich zu einem kontinuierlichen Zerstörungsprozess. Das Gewölbemauerwerk wird zunehmend mürber. Fugenmörtel und Ziegelteile lösen sich durch Schwindung und Salzdrücke und können von der Decke herabfallen. Ist dieser Zustand erreicht, kann der Schaden auch durch Verputzen mit einem Sanierputzsystem nicht mehr behoben werden.

Wenn das Mauerwerk in der Tiefe weniger beeinträchtigt ist und die vorhandenen Ziegel noch Verankerungsmöglichkeiten für Dübel erlauben, sind folgende entkoppelnde Maßnahmen möglich:

- Besonders mürbe Mauerwerksteile werden entfernt.
- An der Gewölbefläche wird eine Folie mit hohem Wasserdampfdiffusionswiderstand (»Dampfbremse oder -sperre« nach bauphysikalischer Berechnung) befestigt.
- Anschließend wird mit einer ausreichenden Anzahl langer korrosionsbeständiger Dübel, z. B. Kunststoffdübel ein Putzträger, z. B. ein Ziegeldrahtgewebe mit korrosionsbeständigem Draht, über der Folie befestigt.
- Die Fläche kann dann mit einem mineralischen, feuchtigkeitsregulierenden vorwiegend kalkgebundenen Mörtel überputzt werden.

Durch diese Maßnahmen wird das neue Innenklima vom salzbelasteten Gewölbebereich entkoppelt.

9.3 Feuchte Kellerräume

Tritt regelmäßig Feuchtigkeit über das Fundament oder die Außenwände in nicht abgedichtete Kellerräume, werden selbst Sanierputzsysteme überfordert. Wenn es nicht möglich ist, die Kellerräume von außen abzudichten, können nur Innenabdichtungsmaßnahmen weiterhelfen. Kellerwände können durch sperrende Schichten auf den Innenwänden in Kombination mit einer Injektion als Horizontalsperre abgedichtet werden (siehe Kapitel 4.2). Das Mauerwerk bleibt hinter der Innenabdichtung unter der Horizontalsperre weiter feucht, aber trotzdem funktionsfähig.

Die Abdichtungsschichten, z. B. aus Dichtschlämmen, müssen in gleichmäßiger Schichtdicke auf der Wand haften und bis zum Boden geführt werden (Bild 73). Die Hohlkehle zwischen Boden und Wand ist zuvor mit einem Sperrputz zu gestalten.

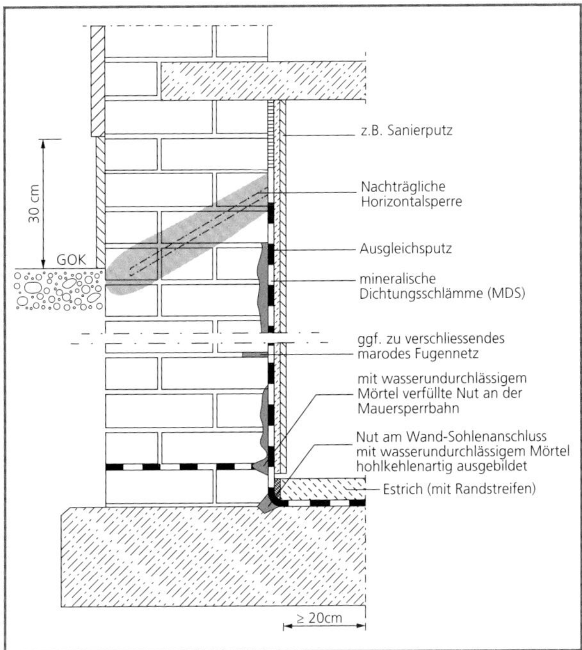

Bild 73: Innenabdichtung nach WTA-4-6-14 ([58], Abb. 4)

Da mineralische Abdichtungen aus Dichtungsschlämmen oder Sperrputzen, auch bei fachgerechter Ausführung, aufgrund von Kondensation und Kapillarkondensation feuchte Flecken zeigen können, haben sich zusätzliche feuchteregulierende Putzschichten bewährt. Dafür ist die mineralische Innenabdichtung ausreichend oberflächenrau auszuführen und zusätzlich z. B. eine ca. 1 cm dicke Lage Sanierputz aufzubringen, wie das in Bild 73 dargestellt ist. Auf diese Weise werden nach ausreichender Standzeit trockene Wandoberflächen erzielt. Für die Feuchtigkeitsregulierung gibt es normalerweise besser geeignete Putze als Sanierputze (siehe auch WTA-Merkblatt 2-14 *Funktionsputze*). Bei hohen Salzgehalten im Mauerwerk sollten dennoch Sanierputze verwendet werden, da mineralische, kapillarwasserdichte Dichtungsschichten unter Umständen trotzdem von Salzen durchwandert werden können.

Einsatz von Dichtungsschlämmen

Es wäre grundsätzlich falsch, auf alle Wände feucht wirkender Kellerräume vor dem Sanierputz eine Dichtungsschlämme zu streichen, wenn die Feuchteursache nicht geklärt wurde. Dichtungsschlämmen und Sperrputze reduzieren die Wasserdampfdiffusion und behindern den Salztransport. Damit wird die Funktion des Sanierputzsystems auf diesen Schichten wesentlich eingeschränkt.

Oft sind kalte Kellerräume nur deshalb feucht, weil im Sommer bei warmer Witterung dauergelüftet wird. Als Folge der hohen Luftfeuchte kann Tauwasser an den kalten Wänden auftreten. Unbeheizte Kellerräume sollen daher möglichst nur bei kühler Witterung mit niedriger Luftfeuchte gelüftet werden.

Nach dem Verputzen feuchter Kellerwände mit Sanierputz müssen in den Kellerräumen günstige Trocknungsbedingungen geschaffen werden, damit sich die notwendige Querschnittshydrophobie ausbilden kann und keine Salze bis zur Oberfläche durchschlagen.

Werden die Kellerräume anders genutzt als geplant, kann es trotz des Einsatzes von Sanierputzen zu feuchten Flecken und Durchschlagen von Salzen kommen, wenn nicht auf ausreichende Luftzirkulation und Vermeidung von Tauwasser auf den Wandoberflächen geachtet wird. Bild 74 und Bild 75 zeigen einen Kellerraum, der nicht ausreichend gelüftet wurde. Darüber hinaus wurde er mit Mobiliar, auch nah an den Wänden, vollgestellt, sodass zeitweise auftretendes Tauwasser durch unzureichende Luftwechsel nicht abtrocknen konnte. An den schlankeren Wänden des Kellerraums trat zeitweise Tauwasser auf, was die Beeinträchtigungen (Feuchte, Salze) an den Putzoberflächen förderte, während die dickere Wand links neben dem Fenster in Bild 74 aufgrund höherer Wandoberflächentemperaturen mangelfrei blieb.

Bild 74: Feuchte, hygroskopische Flecken und Salzkristallisation in einem unbeheizten, mit Mobiliar zugestellten Keller mit zu geringer Luftzirkulation. Die Wand in der Mitte ist aufgrund größerer Dicke mangelfrei.

Bild 75: Beeinträchtigungen durch Tauwasser (fördert Feuchte, Salze) an den Putzoberflächen.

9.4 Fliesen auf Sanierputz

Werden keramische Fliesenbeläge mit Dünnbettkleber auf Sanierputzflächen aufgeklebt, sind die notwendigen Wasserdampfdiffusionsvorgänge praktisch nur noch über den Fugenbereich möglich. Der Effekt ist vergleichbar mit dem Aufbringen eines Anstrichsystems mit hohem s_d-Wert. Die Funktion des Sanierputzsystems ist dadurch nicht mehr gegeben, er hat lediglich noch eine zeitweise Pufferfunktion.

10 Fehlerquellen und Fehlerbeseitigung bei der Anwendung von Sanierputzsystemen

10.1 Mangelhafte Tragfähigkeit des Putzgrundes – Risse

Störungen im Haftverbund können auftreten, wenn das Mauerwerk nicht sorgfältig gereinigt und alter, mürber Putz nicht vollständig entfernt wurde oder das Mauerwerk selbst nicht ausreichend tragfähig ist. Das betrifft nicht nur Untergründe für Sanierputzsysteme, sondern führt bei allen putzartigen Beschichtungen zu Schäden.

Bild 76 zeigt Risse in einem zum Teil hohl liegenden Sanierputzsystem auf einem Bruchsteinmauerwerk. Nach der Freilegung des betreffenden Bereichs zeigte sich, dass die offenen Fugen nicht ausreichend mit Mörtel ausgeworfen und der Untergrund nicht vollständig von losen Putzresten befreit worden war, sodass der netzförmige Spritzbewurf keinen ausreichenden Haftverbund zur Mauerwerksoberfläche aufbauen konnte (Bild 77). In der Folge bildeten sich Hohlstellen und Spannungsrisse im Sanierputzsystem.

Bild 76: Risse in einem Sanierputzsystem auf Bruchsteinmauerwerk als Folge eines hohl liegenden Spritzbewurfs

Bild 77: Mangelhafter Verbund des Spritzbewurfs zur Mauerwerksoberfläche

Zur Fehlerbeseitigung muss das Sanierputzsystem nicht zwangsläufig erneuert werden, wenn lediglich Risse, aber keine oder nur wenige kleinere Hohlstellen vorhanden sind. Hohlstellen können durch Abklopfen oder Überstreichen der Fläche mit einem Drahtbügel oder einer Metallkugel an einem Metallstab festgestellt werden (Bild 78). Leider gibt es für Putze in keinem Regelwerk Hinweise, bis zu welcher Größe Hohllagen als »kleinere Hohlstellen« gelten oder in welchem Umfang mehrere, kleinere Hohlstellen, die über eine größere Fläche verteilt sind, noch unschädlich für die Funktionen des jeweiligen Putzes sind. Hier sollte man den Erfahrungen des Fachhandwerkers nach dieser gewerkeüblichen Prüfung, ggf. mit Unterstützung durch die Fachberater der Sanierputzhersteller, vertrauen.

Bild 78: Prüfung einer gerissenen Fläche auf Hohlstellen mit einem Klangprüfer

Um das richtige Verfahren zur Fehlerbeseitigung auszuwählen, ist zu prüfen, ob noch Rissbreitenänderungen auftreten oder ob die Rissbildung zur Ruhe gekommen ist. Mit »ruhend« sind Risse gemeint, deren Rissränder sich nicht mehr bewegen oder nur noch sehr geringen Rissbreitenänderungen unterliegen. In der Regel ist dafür die vollständige Erhärtung und Trocknung abzuwarten. Ist die Oberfläche gleichmäßig trocken, kann mit einem rissfüllenden Beschichtungssystem überarbeitet werden (Verfahren E1 – »Rissverschluss mit gefüllter Beschichtung« bzw. Verfahren F2 – »Rissfüllende Beschichtungssysteme« nach WTA-Merkblatt 2-4 *Beurteilung und Instandsetzung gerissener Putze an Fassaden*) [46]. Dafür sind wasserdampfdiffusionsoffene, rissfüllende Beschichtungen auf Dispersionssilikat- und Silikonharzemulsionsbasis geeignet, die je nach Rissbreite auch als Füllfarben oder Streichputze eingesetzt werden. Streichputze enthalten häufig zusätzlich zu den Gesteinsfüllstoffen noch feine Fasern.

Breitere »ruhende« Risse werden im ersten Arbeitsgang zugeschlämmt, bevor die betroffenen Bereiche vollflächig mit einer Schlussbeschichtung auf der gleichen Bindemittelbasis beschichtet werden. Dabei sind auch die Erwartungen an die optischen Eigenschaften des Bauherrn zu berücksichtigen, da die Rissfüllung je nach Putzweise, Lichteinfall usw. mehr oder weniger zu sehen sein kann. Auf vorheriges Aufweiten der Risse sollte verzichtet werden. Bild 79 zeigt eine Putzfläche, bei der die Risse nach Aufweitung »reichlich« gefüllt wurden und leicht »erhaben« gegenüber der Putzoberfläche erscheinen, während die in Bild 80 gezeigte unzureichende und ungleichmäßige Rissfüllung die optische Wahrnehmbarkeit des Risses verstärkt.

Bild 79: Übermäßig gefüllte Risse

Bild 80: Die unzureichende und ungleichmäßige Rissfüllung verstärkt die optische Wahrnehmung des Risses.

Auch wenn sich das WTA-Merkblatt 2-4 primär mit Rissen in witterungsbeanspruchten Außenputzen befasst, können die Methoden zur Erfassung der Rissursachen und zur Instandsetzung der Risse selbstverständlich auch bei Innenputzen angewendet werden.

10.2 Altputz nicht hoch bzw. weit genug entfernt.

Die Zone der Putzerneuerung mit Sanierputz muss ausreichend groß dimensioniert werden, um einen großzügig angelegten Verdunstungsbereich zu schaffen. Gemäß WTA-Merkblatt [49] ist der Altputz bis mindestens 80 cm über die sichtbare oder durch Untersuchungen abgegrenzte Schadenszone hinaus zu entfernen. Es muss gewährleistet sein, dass die Verdunstung innerhalb des Sanierputzes stattfindet. In vielen Fällen reicht es nicht aus, die Sanierputzhöhen nur anhand des sichtbaren Ausblühungs- bzw. Feuchtigkeitshorizonts am vorhandenen Putz oder Mauerwerk festzulegen. Vielmehr ist vor Ort zu prüfen, bis zu welcher Höhe eine ggf. früher ausgeführte Putzsanierung reichte. Frühere Putzerneuerungen wurden in vielen Fällen mit dichten, zementhaltigen Putzen vorgenommen. Der vorhandene Putz ist in solchen Fällen unbedingt über diese Höhe hinaus zu entfernen und durch ein Sanierputzsystem zu ersetzen.

Bild 81: Reste einer früheren Putzinstandsetzung (Pfeile). Vor dem Aufbringen eines Sanierputzsystems muss der Altputz bis über diese Höhe hinaus entfernt werden.

Wird der Altputz nicht weit genug entfernt, entstehen bereits nach kurzer Zeit Feuchtflecken und Ausblühungen über dem neu aufgebrachten Sanierputzsystem. Durch zementreiche Ausbesserungsputze können zusätzliche Salze in den Putzgrund eingetragen worden sein.

Zur Fehlerbehebung muss nach entsprechenden Untersuchungen (siehe Kapitel 4.1) eine neue »Höhenlinie« mit ausreichendem Sicherheitszuschlag festgelegt werden. Fassadenzier oder andere gliedernde Elemente wie Gesimsbänder, Fensterbänke oder Sockelvorsprünge können dabei helfen, eine auch optisch ansprechende Lösung zu finden. Nach Entfernen des Altputzes wird das Sanierputzsystem ergänzend aufgebracht. Zur Erzielung eines gleichmäßigen Farbtones muss in den meisten Fällen eine größere zusammenhängende Fläche neu gestrichen werden.

10.3 Falsch aufgetragener Spritzbewurf

Wird der Spritzbewurf wie in Bild 82 volldeckend und zu dick aufgetragen, kann das Sanierputzsystem aus verschiedenen Gründen nicht funktionieren.

Bild 82: Zu dick aufgetragener, volldeckender Spritzbewurf

Wenn die Zusammensetzung des Spritzbewurfmörtels nicht für die volldeckende Auftragsweise geeignet ist, wird bei volldeckender Ausführung der Transport von Salzen und Feuchtigkeit aus dem Untergrund in das Sanierputzsystem behindert. Salzanreicherungen und -kristallisationen können an der Oberfläche des Mauerwerks zu Verbundstörungen des Spritzbewurfs führen. Aufgrund der gegenüber dem Mauerwerk höheren Festigkeit des zu dicken Spritzbewurfs sind auch Rissbildungen möglich.

Darüber hinaus kann ein Sperrputzeffekt auftreten. Deshalb dürfen auch Dichtungsschlämmen und Sperrputze nur in Ausnahmefällen unter Sanierputzen angewendet werden (siehe auch Kapitel 9.3).

Zur Fehlerbehebung muss ein Sanierputzsystem, das in seiner Funktion gestört ist, bis zum Mauerwerk entfernt werden. Anschließend wird ein neues Sanierputzsystem fachgerecht auf einen netzförmigen Spritzbewurf aufgebracht.

10.4 Mit Gips befestigte Elektroleitungen

Elektroleitungen dürfen im Außenbereich und auf feuchten Mauerwerksflächen nicht mit Gips verlegt werden. Feuchteempfindliche und reaktionsfähige gipshaltige Spachtel können irrtümlich falsch eingesetzt werden, weil Produktnamen wie »Uni-« oder »Haftspachtel« nichts über deren Bindemittelbasis aussagen. Hier sind in jedem Fall die technischen Unterlagen des Herstellers in Bezug auf die Zusammensetzung und Einsatzbereiche der Spachtelmasse zu berücksichtigen.

Durch den Kontakt eines frisch aufgebrachten zementhaltigen Grundputzes bzw. Sanierputzes mit Gips besteht bei langer Feuchteeinwirkung die Gefahr, dass sich Treibminerale bilden, insbesondere Ettringit. Schädigungen des Putzes an den Rändern der Gipsbatzen, d. h. an den Kontaktstellen von gipshaltigem und zementärem Material, sind die Folge (siehe auch Kapitel 5.5).

Zur Instandsetzung muss der mürbe Putz einschließlich des gipshaltigen Materials entfernt werden. Das Sanierputzsystem ist in diesen Teilbereichen neu aufzubringen.

Vorsicht bei Schnellzementen

Bei stark salzbelastetem Mauerwerk kann u. U. auch die Verwendung von hoch aluminathaltigen Schnellzementen zur Befestigung von Leitungen zu Schädigungen führen.

10.5 Unterschiedliche und unregelmäßige Putzdicken

Große Dickenversprünge bei stark inhomogenem Mauerwerk oder tief rückgewitterte Fugen erfordern vor der Grundputzlage ein Ausgleichen großer Vertiefungen. Um einen Arbeitsgang zu sparen, wird der Unterputz aus Porengrundputz häufig in einer Lage mit sehr unterschiedlichen Putzdicken direkt auf den ungleichmäßigen Untergrund aufgebracht. Beim Erhärten der Putzschicht kommt es dadurch zu Kerbspannungen, die zu Rissbildungen führen können. Soweit keine größeren Hohlstellen entstehen und die Risse geringe Rissbreiten aufweisen, sind diese für die Funktion des Sanierputzsystems ohne Bedeutung. Die Risse können aber einen optischen Mangel darstellen.

Für die Instandsetzung des Sanierputzsystems kommen die gleichen Verfahren nach WTA-Merkblatt 2-4 *Beurteilung und Instandsetzung gerissener Putze an Fassaden* [46] zur Anwendung, die bereits in Kapitel 10.1 beschrieben wurden. Die Ausführung richtet sich nach den Rissbreiten, ggf. noch vorhandenen Rissbreitenänderungen und den optischen Anforderungen.

10.6 Unterschreiten der Sanierputzmindestdicke

Die notwendige und vorgeschriebene Sanierputzmindestdicke darf nicht unterschritten werden. Sie beträgt auf Porengrundputz 1,5 cm oder bei Einsatz ohne Porengrundputz 2 cm. Die Unterschreitung dieser Mindestdicken ist ein sehr häufiger Fehler, der zum Teil auch auf die Ungleichmäßigkeit des Untergrunds im Bestand oder auf Versprünge zu angrenzenden Bauteilen bzw. Materialwechseln zurückzuführen ist.

Infolge zu geringer Sanierputzdicken treten Feuchteflecken und Durchsalzungen auf.

Bei der Schadensbehebung kommt es darauf an, ob noch ausreichend Tiefe für das Überputzen vorhanden ist. In dem Fall kann der betroffene Bereich nach geeigneter Vorbehandlung überarbeitet werden. Dazu sind die Ausblühungen gründlich trocken zu entfernen und anschließend ein netzförmiger Spritzbewurf als Haftvermittler aufzubringen. Danach wird der Sanierputz in der notwendigen Mindestputzdicke appliziert. Sind die entstandenen Schäden schon zu umfangreich oder ist die Erhöhung der Sanierputzdicke auf 1,5 oder 2 cm aus Gründen der Bauteildicke nicht möglich, ist der vorhandene Sanierputz zu entfernen und in ausreichender Dicke neu aufzubringen. Wenn nach entsprechender Standzeit des Sanierputzsystems die Salz- und Feuchtefront bereits im oberflächennahen Bereich des Porengrundputzes liegt, ist es sinnvoll, das gesamte Sanierputzsystem, bestehend aus Grundputz und Sanierputz, zu erneuern.

10.7 Zu geringes Porenvolumen

Das Problem eines zu geringen Gehalts an Poren im Sanierputz kann vor allem bei der Verarbeitung mit Mischpumpenmaschinen auftreten, wenn kein Nachmischer eingesetzt wurde, wenn der Nachmischer nicht funktioniert hat oder der verwendete Sanierputz nicht für die Maschinenverarbeitung geeignet war.

Durch den unzureichenden Porengehalt entstehen bei dem hydraulischen Bindemittel zu hohe Putzfestigkeiten mit der Gefahr von Spannungsrissen, insbesondere, wenn die Festigkeit des Putzes die des Untergrundes übersteigt oder der Putz nicht vollflächig am Untergrund haftet. Die erhöhte Dichtheit führt außerdem zur Erhöhung des Wasserdampfdiffusionswiderstandes. Die Funktion des Sanierputzes wird beeinträchtigt – vor allem, wenn mittlere bis hohe Salzbelastungen im Untergrund vorliegen.

Falls nur Rissbildungen auftreten und der Sanierputz trotz des verringerten Porenvolumens funktionsfähig ist, kann zur Fehlerbehebung nach Kapitel 10.1 vorgegangen werden. Erfahrungsgemäß ist es in den meisten Fällen jedoch zu empfehlen, den Sanierputz zu entfernen und zu erneuern.

10.8 Zu frühes oder ungenügendes Aufrauen der ersten Putzlage

Bei allen mehrlagigen Putzen kann es, unter anderem aufgrund von Zeitdruck, unterschätztem Klimaeinfluss auf das Ansteif- und Früherhärtungsverhalten oder mangelnder Sorgfalt passieren, dass die erste Putzlage nur ungenügend oder zu früh aufgeraut wurde. Es ist nicht ausreichend, mit einem Putzkamm oder sonstigem Werkzeug Rillen in den frischen Putz zu ziehen, sondern die matt und heller erscheinende, »geschlossene« Unterputzoberfläche ist »aufzureißen« (Bild 83), sodass die aufgerauten, dunkleren und saugfähigeren Flächen den Verbund zum Sanierputz ermöglichen.

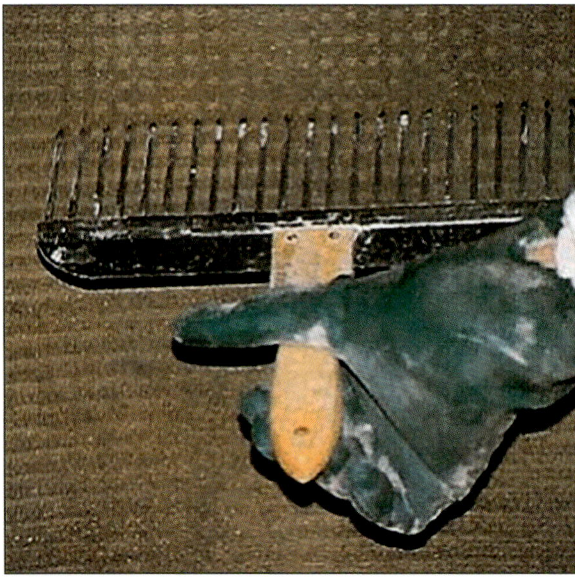

Bild 83: Sorgfältiges Aufrauen des Unterputzes

Wird die Unterputzoberfläche nicht ausreichend aufgeraut, sind Hohlstellen, ggf. mit Rissbildung und Ablösungen der oberen Putzlage, die Folge.

Löst sich die Sanierputzlage vom Grundputz, muss der Sanierputz entfernt werden. Nach dem Auftragen eines netzförmigen Spritzbewurf als Haftvermittler wird eine neue Sanierputzschicht aufgeputzt.

10.9 Zu hohe Luftfeuchte in Kellerräumen

Bei zu hoher Luftfeuchte in Kellerräumen kann der hydraulisch gebundene Sanierputz zwar erhärten, aber nicht austrocknen. Die für die Funktion des Sanierputzes notwendige Hydrophobie stellt sich dann nicht oder erst sehr spät ein.

Salze können in der Früherhärtungsphase beim Trocknen, das heißt beim »Rücktransport« des Anmachwassers aus dem Untergrund, einwandern, solange sich die Hydrophobie noch nicht eingestellt hat. Dadurch können Durchsalzungen auftreten und die Haltbarkeit des Sanierputzsystems und ggf. weiterer Oberputze oder Beschichtungen beeinträchtigen.

Zur Fehlerbehebung ist je nach Größe der betroffenen Flächen eine partielle oder vollflächige Erneuerung des Sanierputzsystems notwendig. Nach der Ausführung jeder einzelnen Putzlage ist für eine gewisse Zeit für ausreichende Trocknungsbedingungen zu sorgen, ggf. mithilfe von Bautrocknern.

10.10 Zu geringe Festigkeit des Sanierputzes

Vor allem im Außenbereich kann es bei warmem und windigen Wetter vorkommen, dass Sanierputze nicht ausreichend fest werden. Durch zu schnellen Wasserentzug werden die Luftporenbildung und der Erhärtungsvorgang gestört. Die Mörtel werden dann mürbe und können absanden (Bild 84).

Bild 84: Absanden infolge von Wasserentzug in der Erhärtungsphase.

Hier liegt ein Verarbeitungsfehler vor. Die mangelnde Festigkeit ist auf eine Störung des Erhärtungsvorganges durch zu schnellen Wasserentzug zurückzuführen. Es wurde nicht vorgenässt oder die erforderliche Nachbehandlung hat nicht oder zu spät stattgefunden. Während der Trocknung stellt sich die hydrophobierende Wirkung des Sanierputzes ein. Bei warmem und trockenem Wetter trocknet der frische Sanierputz zu schnell und die Hydrophobie setzt zu früh ein. Ein zu spätes Nachnässen lässt die Feuchtigkeit dann nicht mehr in ausreichendem Maße in den Putz eindringen. Deshalb fehlt ein Teil des für die Erhärtungsreaktionen notwendigen Wassers und es entwickeln sich nur geringe Festigkeiten.

Die zu weichen und sandenden Sanierputzoberflächen sind kein tragfähiger Untergrund für Oberputze oder Anstrichsysteme. Eine langfristige Haltbarkeit des Putzsystems ist nicht gegeben.

Zur Fehlerbehebung ist der mürbe Sanierputz sorgfältig zu entfernen. Ein Neuaufbau mit netzförmigem Spritzbewurf, Grundputz und Sanierputz ist erforderlich.

10.11 Taupunkt dauerhaft innerhalb des Sanierputzquerschnitts

Liegt die Taupunkttemperatur ständig innerhalb des Sanierputzquerschnittes, wird Tauwasser ausfallen. Dies führt auch bei einem an sich funktionsfähigen Sanierputzsystem über kurz oder lang zur Durchfeuchtung. Eine weitere Folge kann die Ansiedlung von Schimmelpilzen auf ungestrichenen sowie auf gestrichenen Sanierputzoberflächen sein.

Auch permanentes Tauwasser auf Sanierputzoberflächen kann zu Durchfeuchtungen, ggf. mit Salzdurchschlagungen führen (Bild 85).

Bild 85: Lokale Durchfeuchtungen durch Tauwasser

Um den Fehler zu beheben, müssen auf der Basis der lokalen baulichen und klimatischen Gegebenheiten bauphysikalische Berechnungen durchgeführt werden. Je nach Ergebnis der Berechnungen können Maßnahmen, wie z. B. die temporäre oder dauerhafte Temperierung der betreffenden Wände, notwendig werden. Eventuell ist es notwendig, das vorhandene Sanierputzsystem zu entfernen und zusammen mit einem Wärmedämmputz in der erforderlichen Schichtdicke neu zu gestalten. Der Oberputz aus Sanierputz sollte dann mit einer Gewebeeinlage ausgeführt werden (siehe Kapitel 8).

10.12 Zu dichte Anstrichsysteme

Das verwendete Anstrichsystem erfüllt nicht die Anforderungen gemäß WTA-Merkblatt 2-9 [49]. Die Beschichtung ist zu dampfdicht.

Die Funktion des Sanierputzsystems, insbesondere die Trocknung durch Diffusion, wird durch Erhöhung des Wasserdampfdiffusionswiderstandes stark eingeschränkt.

Wird der Fehler der zu dampfdichten Beschichtung frühzeitig erkannt, ist diese sorgfältig und den Putz schonend zu entfernen. Bei ausreichender Oberflächenfestigkeit des Sanierputzes sollte das ohne gravierende Schäden am Sanierputz möglich sein. Nach dem Auftragen einer systemzugehörigen Grundierung wird dann mit einem Anstrichsystem beschichtet, das die Anforderungen des WTA-Merkblatts erfüllt.

Im Fall eines bereits sehr festen Verbundes mit dem Sanierputz kann der Anstrich kaum ohne Schäden am Sanierputzsystem entfernt werden. Dann muss auch der Sanierputz bis zum Grundputz zurückgearbeitet und erneuert werden.

10.13 Nicht wasserabweisende Beschichtung im Außenbereich

Ist die Beschichtung im Außenbereich nicht wasserabweisend, saugt sie zu viel Oberflächenwasser auf, das dann nicht vom darunterliegenden wasserabweisenden Sanierputz aufgenommen werden kann.

Mit der Zeit bilden sich Farbtonunterschiede zwischen dem beschichteten Altputz und dem Sanierputz. Nach Niederschlägen kann es zu »Wasserstau« oberhalb der Sanierputzfläche kommen, dadurch können Salze im Altputz bzw. im darunterliegenden Mauerwerk mobilisiert werden und Salzausblühungen oberhalb des Sanierputzes auftreten.

Der Fehler kann im Frühstadium korrigiert werden, indem die Gesamtfläche wasserabweisend imprägniert wird, z. B. mit einer geeigneten Siloxan-Imprägnierung. Sind bereits bleibende Farbtonveränderungen vorhanden, kann nur ein Neuanstrich mit einem geeigneten, wasserabweisenden Beschichtungssystem Abhilfe schaffen. Vorab ist zu prüfen, ob die vorhandene Beschichtung noch gut haftet, ausreichend tragfähig ist und nicht kreidet.

11 Dauerhaftigkeit von Sanierputzsystemen

11.1 Zur Beurteilung der Dauerhaftigkeit von Putzen allgemein

Obwohl die europäische Putznorm einen Nachweis der Dauerhaftigkeit anhand des Frostwiderstands fordert, gibt es dafür bisher keine Prüfvorschrift. Das hängt auch damit zusammen, dass bislang nicht definiert ist, welche messbare Kenngröße, ggf. auch mehrere Größen, zur Beurteilung der Dauerhaftigkeit herangezogen werden soll.

> *»Solange kein europäisches Prüfverfahren zur Verfügung steht, ist der Frost-/Tau-Widerstand nach den am vorgesehenen Verwendungsort des Mörtels geltenden Bestimmungen zu beurteilen und anzugeben.«* ([39] Abschnitt 5.3.2.2).

Für Deutschland bedeutet dies, dass nach den Putznormen DIN 18550 [30] und DIN EN 13914 [28] zu beurteilen ist. DIN 18550 verweist unter Abschnitt 6.11 »Auswirkungen von Frost« auf DIN EN 13914-1 und das Merkblatt *Verputzen, Wärmedämmen, Spachteln und Beschichten bei hohen und niedrigen Temperaturen*, Ausgabe 12/2013 [23]. Das Merkblatt behandelt nur das Thema möglicher Einflüsse von Frost bei der Ausführung. DIN EN 13914-1 [28] benennt als schädliche Einflussfaktoren für die Dauerhaftigkeit eines Putzes:

- Beschädigung durch Stöße und Abrieb,
- Korrosion von eingebettetem Metall,
- Unverträglichkeit des Putzes mit dem Putzgrund und unzureichende Haftung,
- Verformung von angrenzenden Elementen oder Gebäudeteilen,
- Rissbildung und Bildung von Haarrissen,
- Klimabedingungen,
- Eindringen von Regenwasser und aufsteigender Feuchte,

- Exposition des Bauwerks gegenüber den Umgebungsbedingungen,
- Probleme mit löslichen Salzen,
- Auswirkungen von Luftverschmutzung und Frosteinwirkung.

Die Norm gibt aber ebenfalls kein Prüfverfahren vor.

Für Sanierputze-WTA, die sowohl innen als auch außen eingesetzt werden, hat sich anstelle der Frostwiderstandsfähigkeit die Beurteilung der Salzbeständigkeit (siehe Kapitel 4.3 und WTA-MB 2-9 [49], Kap. 6.3.11) langfristig bewährt und wird deshalb beibehalten.

Bei dem Thema Dauerhaftigkeit bzw. technische Lebensdauer von Sanierputzen ist nochmals darauf hinzuweisen, dass mit Sanierputzen nicht die Ursachen für feuchte- und/oder salzbelastete Mauerwerke beseitigt werden können, sondern nur deren schädigende Auswirkungen.

11.2 Wie lange hält ein Sanierputzsystem?

Auf die Frage, wie lange ein Sanierputzsystem schadensfrei bleibt, kann man keine pauschal gültige Antwort geben, weil von Objekt zu Objekt unterschiedliche Randbedingungen, Salzbelastungen und klimatische Verhältnisse vorhanden sind. Sanierputze werden seit über vier Jahrzehnten eingesetzt. Die Verfasser kennen viele Objekte aus der Frühzeit der Sanierputzanwendungen, die außer den üblichen Verschmutzungen keine Schäden aufweisen (siehe auch Kapitel 14). Ursprünglich hatte man angenommen, dass bei hoher Salzbelastung im Gefüge die Sanierputze zerstört werden. Die Praxis hat jedoch gezeigt, dass bei richtiger Anwendung und gut zusammengesetzten Sanierputzen solche »Verstopfungen« mit Salzen und deren Folgeschäden nicht auftreten. Mittlerweile konnte man die Ursachen dafür auch durch wissenschaftliche, unter anderem rasterelektronenmikroskopische Untersuchungen klären. Darauf wird in Kapitel 13 näher eingegangen.

11.3 Einfluss von Feuchte- und Salzgehalten

Nur in Einzelfällen sind im Laufe von Jahren tatsächlich partielle Durchsalzungen zu beobachten, z. B. bei zu geringen Putzdicken, starken Dickenschwankungen der Sanierputze oder oberflächennahem Tauwasser.

Für die Lebensdauer der Sanierputzsysteme spielen der Feuchtegehalt des Mauerwerks und der »Salznachschub« eine wesentliche Rolle. Handelt es sich um Salzanreicherungen an der Oberfläche durch Spritzwassereintrag, ist nicht mit einem nennenswerten Salznachschub zu rechnen. Dann kann der Sanierputzeinsatz als alleinige, dauerhafte Maßnahme ausreichen. In den meisten Fällen ist der Sanierputz jedoch als flankierende Maßnahme zu betrachten. Es sind noch weitere Maßnahmen z. B. horizontale und vertikale Abdichtungen notwendig, um das seitliche Eindringen und kapillare Aufsteigen von Feuchtigkeit mit entsprechendem Salznachschub zu verhindern. Die Umsetzung der Hinweise zu den flankierenden Maßnahmen (siehe Kapitel 4.2) trägt wesentlich zur Verlängerung der Lebensdauer von Sanierputzsystemen bei.

Vergleicht man die in der Fachliteratur angegebene übliche technische Lebensdauer von Außenputzsystemen von ca. 35 bis 60, im Mittel 50 Jahren mit der Lebensdauer von Sanierputzsystemen, verhält sich dieses Spezialputzsystem nicht anders als herkömmliche mineralische Putzsysteme auf nicht salzbelasteten Untergründen. Auf salzbelasteten und feuchten Untergründen ist die Dauerhaftigkeit der Sanierputzsysteme deutlich länger als die herkömmlicher Putze, die dort – je nach Zusammensetzung, Gehalt an löslichen Alkalien und Dichtheit – sogar zur Beeinträchtigung der Bausubstanz führen können.

11.4 Einfluss der Schichtdicke

Die Dauerhaftigkeit von Putzsystemen ist nicht nur bei Sanierputzsystemen maßgeblich von der Schichtdicke und dem Verbund mit dem Untergrund abhängig. So wie sehr dünnschichtige Putze z. B. bei Wärmedammverbundsystemen eine geringere Lebensdauer haben können, sind dickschichtige Putze verschiedener Putzweisen bei historischen Gebäuden auch nach mehr als 100 Jahren oftmals noch in bemerkenswert gutem Zustand (Bild 86).

Bild 86: Modellier- und Steinputze des Jugendstils in bemerkenswertem Original-Zustand

Bei Sanierputzsystemen hängt die dauerhafte Funktion nicht nur von der Gesamtdicke, sondern insbesondere bei mittleren bis hohen Salzbelastungen von der Einhaltung der Mindestdicke des Porengrundputzes und des Sanierputzes als Oberputz ab. Bei bestimmten Untergrundsituationen und Salzgehalten ist eine Putzdickenerhöhung notwendig, damit das Sanierputzsystem nicht nur die Rolle eines temporären Opferputzes übernimmt, sondern die übliche Lebensdauer von Putzen erreicht. Aufgrund des besonders hohen Porengehalts des Porengrundputzes können auch Dickenschwankungen des Untergrunds gut ausgeglichen und größere Schichtdicken ohne Sackrisse und Verbundstörungen in einem Arbeitsgang umgesetzt werden.

11.5 Einfluss der Qualität des Sanierputzmörtels

Da die Anforderungen an Sanierputzmörtel gemäß DIN EN 998-1, Tabelle 2 insbesondere bei höheren Salzgehalten nicht ausreichend sein können und es immer wieder unseriöse Hersteller gibt, die mit Produkteigenschaften werben, die nicht gegeben sind, wurden die Anforderungen des WTA-Merkblatts und die WTA-Zertifizierung auch nach Erscheinen der EN 998-1 aufrechterhalten (siehe auch Kapitel 3.5). Damit wird den Planern und Ausführenden die Qualitätssicherung erleichtert. Aufgrund langjähriger Erfahrungen der WTA-Experten wurden Kriterien für die Sanierputzmörtel festgelegt, die eine optimale Wirkung der Sanierputze nach WTA erwarten lassen.

Die Dienstleistungsmarke (Bild 25) wird Produkten zuerkannt, die alle Anforderungen des WTA-Merkblatts 2-9 [49] erfüllen. Dabei werden nicht nur die technischen Kennwerte, sondern auch die Zusammensetzung und die regelmäßige Fremdüberwachung überprüft. Über die Erteilung des Zertifikats entscheidet ein von der WTA einberufener, unabhängiger Zertifizierungsausschuss, der sich aus Fachleuten der WTA zusammensetzt, die über langjährige Erfahrung verfügen. Das Interesse vieler Hersteller an dieser zusätzlichen Qualitätssicherung ist groß. Im November 2020 waren mehr als 160 Sanierputzprodukte von 48 Herstellern aus 6 Ländern durch die WTA GmbH zertifiziert.

11.6 Begleitung und Beratung durch die Sanierputzhersteller

Die Praxis hat gezeigt, dass selbst wenn ein Produktsystem alle Anforderungen gemäß WTA-Merkblatt und Zertifizierung erfüllt, der Erfolg einer Sanierungsmaßnahme nicht automatisch gesichert ist. Mindestens genauso wichtig sind die objektbezogene richtige Auswahl und die fachgerechte Anwendung dieser Produkte. Hierzu gehören vor allem eine seriöse fachkundige Beratung von Seiten der Hersteller bei der Produktauswahl entsprechend den Ergebnissen der Voruntersuchungen sowie die Begleitung der Fachhandwerker während der Ausführung. Fragen zu Maschinentechnik, Förderhöhen und –weiten müssen ebenso bedacht werden wie ausreichende Standzeiten und das fachgerechte Aufrauen des Porengrundputzes. Fachkundige Begleitung ist besonders wichtig, wenn Putzarbeiten im Bestand nicht im Hauptbetätigungsfeld des Ausführenden liegen. Einige Hersteller bieten für die Baustellen zusätzliche Unterstützung durch Anwendungs- oder Vorführtechniker an, die mit der Baustellenpraxis vertraut sind, wichtige Ausführungsdetails zeigen und Praxistipps geben können.

Die Unterstützung durch die Hersteller entspricht und ersetzt nicht die Bauüberwachung nach Leistungsphase 8 gemäß HOAI, trägt aber durch Nähe zum Planer und Handwerker zur Fehlervermeidung und damit zu höherer Dauerhaftigkeit bei.

Schwieriger wird es, wenn die Ausführenden die Sanierputzmörtel, den Angaben im Leistungsverzeichnis entsprechend, beim Baustoffhandel beziehen, ohne dass eine Beratung bzw. Begleitung durch den Hersteller erfolgt. Nur wenn die Handwerker zuvor vor Ort oder bei Herstellerschulungen gut eingewiesen wurden, wird die Ausführung problemlos ablaufen. Vor einer ersten Sanierputzanwendung sollte in jedem Fall der Kontakt des Ausführenden zum Hersteller gesucht werden.

Schutz historischer Bausubstanz

Als Fazit kann festgehalten werden, dass fachgerecht angewendete Sanierputzsysteme die historische Bausubstanz einschließlich tragender Bauteile schützen. Sie sind daher nicht nur ein Beitrag zum Bestandsschutz, sondern oftmals auch zur Denkmalpflege und bei langer technischer Lebensdauer auch zur Nachhaltigkeit.

12 Sanierputzsysteme am Baudenkmal

Die Anforderungen an Materialien für die Pflege und Sanierung von Baudenkmälern sind höher als an Baustoffe für die Instandsetzung oder Sanierung von sonstigen Bestandsbauten. Einer der Gründe dafür ist, dass die neuen Materialien technisch und optisch an den Bestand angepasst werden und ein gewisses Maß an Reversibilität ermöglichen müssen. Sie dürfen keinesfalls die vorhandene Bausubstanz beeinträchtigen oder gar schädigen. Ziel ist die Erhaltung der historischen Bausubstanz für nachfolgende Generationen. Entsprechend der denkmalpflegerischen Zielsetzung sollen die Eingriffe in die Originalsubstanz bei der Sanierung gering, die bisherige Nutzung weiterhin gewährleistet und eine Weiternutzung der historischen Substanz möglich sein. Die Möglichkeiten des Substanzerhalts – vom Renovieren über das Restaurieren bis zum Sanieren – sind in [1] sehr ausführlich dargestellt.

Auch von Sanierputzen wird, durchaus berechtigt und nicht nur in der Denkmalpflege, mehr erwartet. Die Einhaltung dieser erhöhten Anforderungen muss durch zusätzliche Prüfungen, wie dem Salzbeständigkeitstest und der Überwachung der Porosität gemäß WTA-Merkblatt 2-9 [49], nachgewiesen werden.

Es gibt genügend Beispiele gelungener Altbauinstandsetzungen, wo sich Sanierputzsysteme in unterschiedlichen Putztechniken, eingefärbt oder farbig beschichtet, sehr gut bewährt haben. Auch an wertvollen denkmalgeschützten Fassadenflächen wurden Sanierputze, zum Teil in außergewöhnlichen Putzweisen, zu einer Erfolgsgeschichte (Bild 87).

Bild 87: Baudenkmal Schloss Schwerin – für die Diamantbossen, auch im Sockelbereich, wurde ein Sanierputzsystem eingesetzt.

Trotzdem warnen einzelne Denkmalpfleger immer noch vor dem Sanierputzeinsatz. Manche geben sogar Prognosen zu deren zerstörendem Einfluss. Unabhängig davon, ob persönlich negative Erfahrungen gemacht wurden, hängen solche Aussagen häufig damit zusammen, dass in der Denkmalpflege zum Teil eine Abneigung gegen zementhaltige Mörtel besteht. Eine wesentliche Ursache dafür ist die falsche Anwendung reiner Zementmörtel an Denkmalen, die aufgrund hoher Festigkeit und Dichtheit Schäden an historischer Substanz verursachten. Darüber hinaus können lösliche Bestandteile aus dem Zementstein, z. B. Alkalien, in kapillarporöse Baustoffe wie Natursteine, Kalkmörtel oder Ziegel einwandern. Möglicherweise spielt auch das mit etwa 160 Jahren vergleichsweise geringe Alter des Bindemittels Zement eine Rolle. Dabei wird übersehen, dass auch mit zementärer Bindung Mörtel herstellbar sind, die in ihren Festigkeits- und Wasserdampfdiffusionseigenschaften Kalkputzen ähneln. Für sorgfältig zusammengesetzte Sanierputze sind bei richtiger Anwendung die Argumente zu hoher Festigkeit und Dichtheit nicht mehr haltbar. Vor allem dann nicht, wenn im Rahmen der Voruntersuchungen durch Experten die Ursachen der Feuchte- und Salzbelastung festgestellt und dementsprechend der Sanierputzeinsatz als geeignete Maßnahme gezielt ausgewählt wurde.

Auf die Grenzen von Kalkputzen bei dauer- und wechselfeuchter Beanspruchung, insbesondere an Fassaden und bei Salzbelastung, wird auch im WTA-Merkblatt *Kalkputze in der Denkmalpflege* 2-7-01/D [45] ausführlich eingegangen. Bei der Nachuntersuchung von Kalkputzen auf historischen Mauerwerken in den Außenanlagen des Schlosses Oberschleißheim war der überwiegende Teil der Kalkputze nach 11 Jahren Standzeit stark geschädigt oder nicht mehr vorhanden[3].

Die Möglichkeit der Alkalienwanderung bei zementhaltigen Putzen lässt sich nicht wegdiskutieren, ist aber bei hydraulischen Kalken oder Kalken mit Puzzolanzusätzen wie Trasskalken ebenfalls gegeben. Hier ist es in vielen Fällen zielführender, Zemente mit niedrigem Alkaligehalt, sogenannte NA-Zemente, in Kombination mit Weißkalkhydraten einzusetzen.

Untersuchungen unterschiedlicher Bindemittel haben gezeigt, dass nur in reinen Kalkhydraten des Typs CL 90 sehr geringe Alkaligehalte vorhanden sind. Selbst die in diesem Zusammenhang untersuchten, häufig im Bereich der Denkmalpflege eingesetzten hydraulischen Kalke, enthalten zum Teil einen höheren Alkaligehalt als einige Normalzemente.

Die notwendigen Voruntersuchungen (Kapitel 4) zur Ermittlung der Schadensursachen spielen in der Denkmalpflege eine besonders große Rolle, nicht zuletzt, weil Fehler an der historischen Substanz irreparabel sein können.

Falls aufsteigende Feuchte vorhanden ist und keine abdichtenden Maßnahmen durchgeführt werden können, ist abzuwägen, ob ein Sanierputzsystem aufgebracht werden kann: Ein kapillar aktiver, vorwiegend kalkgebundener Putz oder ein Kompressenputz, der hin und wieder erneuert werden muss, könnte hier geeigneter sein. Für derartige Entscheidungen und Planungen bedarf es erfahrener Fachleute, z. B. Ingenieurbüros für Bautenschutzfachplanung. Auch einige Hersteller beschäftigen für diesen Spezialbereich kompetente Berater, die mit ihren langjährigen, überregionalen Praxiserfahrungen wertvolles Fachwissen einbringen können.

Wenn die objektbezogene Fachplanung den Einsatz von Sanierputzsystemen vorsieht oder diese sogar durch Musterflächen am Objekt bestätigt wurden, steht dem langfristigen Sanierungserfolg der Sanierputzsysteme auch an historischen Gebäuden nichts im Weg.

Bevor diese bewährten Putze grundsätzlich abgelehnt werden, sollte man neben den aktuellen Sanierungskosten auch die zusätzlichen, kurz- und langfristigen Instandsetzungskosten betrachten. Die Standzeit bei Opfer- und Kompressenputzen ist vergleichsweise geringer und es sind, ggf. bereits nach kurzer Zeit, erneute Maßnahmen notwendig. Unnötige Instandsetzungsmaßnahmen und -kosten

3 Untersuchungen dazu wurden 2003 im Rahmen einer Diplomarbeit an der Bauhaus – Universität Weimar durchgeführt ([4], Kapitel 14.2).

sowie kurze Instandsetzungszyklen sollten insbesondere an Denkmalobjekten vermieden werden. Neben Staub, Baufeuchte und Erschütterungen während erneuter Maßnahmen ist mit Ausfallzeiten der Nutzung zu rechnen. Kein ganz unwesentlicher Aspekt, wenn man bedenkt, dass die Pflege und Nutzung der Objekte und damit verbundene Einnahmen auch zum Erhalt der Baudenkmale beitragen.

Entgegen dem häufigen Argument einiger Denkmalpfleger sind die gestalterischen Möglichkeiten bei Sanierputzsystemen vielfältig. Besondere Putzweisen, die für das historische Gebäude und den Baustil typisch sind, z. B. Putzquaderungen oder Bossenputze, können durchaus mit Sanierputzen umgesetzt werden. Von groben Strukturen bis hin zu feinen Oberflächen sind viele Variationen möglich. Einige Hersteller bieten ihre Sanierputze nicht nur in unterschiedlichen Korngrößenbereichen, sondern auch farbig, eingefärbt mit mineralischen, alkali- und UV-beständigen Pigmenten, an. Eine zusätzliche Option ist das Aufbringen systemverträglicher mineralischer Oberputze, mit dem sich viele Strukturwünsche erfüllen lassen. Neben den zahlreichen Oberputzen des Standardsortiments bieten einige Hersteller dafür, auch in Zusammenarbeit mit Fachhandwerkern oder Restauratoren im Stuckateurhandwerk, spezielle Sondermischungen an (Bild 88 und Bild 89).

Bild 88: Kratzputz aus Sanierputz

Bild 89: Jugendstilstechputz als Oberputz auf Sanierputz

13 Forschung zu Sanierputzsystemen, Weiterentwicklungen und Varianten

13.1 Anfänge der Sanierputzsysteme und Forschung in den 1990er-Jahren

Als D. Schumann [18] Mitte der 1970er-Jahre erste Sanierputze entwickelte, rezeptierte er diese weniger auf wissenschaftlichen Grundlagen als viel mehr aus pragmatischen Überlegungen sowie positiven und negativen Erfahrungen mit Baustellenmörteln, mit denen durch Zugabe von Additiven vor Ort sanierputzartige Eigenschaften erzielt werden sollten. Auch das vom Verfasser H. G. Meier entwickelte zweilagige Sanierputzsystem, bestehend aus Porengrundputz und Sanierputz, ist aufgrund theoretischer Überlegungen und Erfahrungen entstanden. Schumann ergriff, von H. G. Meier unterstützt, Ende der 1970er-Jahre die Initiative, eine WTA-Arbeitsgruppe zu gründen, die Anforderungen an Sanierputze festlegen sollte. Das erste, 1985 erschienene WTA-Merkblatt 1-85 *Die bauphysikalischen und technischen Anforderungen an Sanierputze*, beruhte maßgeblich auf bekannten bauphysikalischen Grundlagen und den Erfahrungen der Mitwirkenden (der späteren Arbeitsgruppe 2.9), noch nicht auf einer Begründung der Wirksamkeit durch wissenschaftliche Untersuchungen. Erst in den 1990er-Jahren befassten sich verschiedene Institute wissenschaftlich mit den Sanierputzen – im Auftrag einzelner Hersteller oder im Rahmen von Förderprojekten des Bundesministeriums für Bildung, Wissenschaft, Forschung und Technologie (BMFT, heute: BMBF).

Seit 1991 betreute eine weitere Arbeitsgruppe innerhalb der WTA (mit der Nr. 2.11 *Feuchte- und Salzbelastung von Sanierputzsystemen*) unter der Leitung von H. Kollmann die an den verschiedenen Instituten laufenden Untersuchungen zu Sanierputzsystemen. Einige der Schwerpunkte der bis zum Jahr 2000 tätigen Arbeitsgruppe waren die Beschreibung der Wirkungen der Salzlösungen auf die Inhaltsstoffe und Gefügebestandteile der Sanierputze, die Beschreibung der Salztransporte durch die verschiedenen Porenarten in den Grundputzen und Sanierputzen und die Bewährung des Salztests, der in die zweite Fassung des WTA-Merkblatts 2-2 vom Jahr 1991 aufgenommen wurde. Dabei ging es darum, die sichere Beständigkeit der Sanierputzprodukte gegenüber häufig vorkommenden Salzen über einen begrenzten Zeitraum zu simulieren.

Anlässlich eines WTA-Seminars zum Thema »Sanierputzsysteme« im September 1995 in Weimar berichteten verschiedene Wissenschaftler, unter anderen Mitglieder der oben erwähnten Arbeitsgruppe 2.11, über neue Ergebnisse [44]. Die vorgestellten Versuche erfolgten nicht nur an Laborproben, sondern auch als Feldtests: mit Kalk- und Sanierputzen verschiedener Hersteller auf Versuchsfeldern mit realen feuchte- und salzbelasteten Untergründen unter jahreszeitlich bedingten unterschiedlichen klimatischen Einflüssen (siehe unter anderem [5]).

Zusammenfassend ließen die damaligen Ergebnisse folgende Schlussfolgerungen zu, die in den Sanierputzen seitdem umgesetzt und später durch weitere Untersuchungen bestätigt wurden:

Als Bindemittel sollten ausschließlich geeignete Zemente verwendet werden. Kalk, auch hydraulischer Kalk oder Trasskalk sind als vorherrschende Bindemittelkomponente für Sanierputze, die hohen Salzbelastungen standhalten müssen, kaum geeignet. Das Makroporensystem soll unterschiedliche Porenarten aufweisen. Die Porenräume der Leichtzuschläge Bims oder Perlit sind eher in der Lage Salze aufzunehmen, während die Salzlösungen weniger in die Tensidluftporen einwandern. Leichtzuschläge aus Styropor und Vermiculit hatten sich in Untersuchungen als ungeeignet herausgestellt. Sie wurden schon bei geringer Salzbelastung aus dem Gefüge gedrückt [6].

Die Befürchtungen, dass es zwischen dem feuchte- und salzbelasteten Mauerwerk und den Sanierputzen Grenzflächenprobleme geben könnte, ggf. mit Schädigungen des Untergrunds, konnten durch wissenschaftliche Untersuchungen ausgeschlossen werden [5] – vorausgesetzt, dass eine fachgerechte Ausführung des Sanierputzsystems gemäß WTA-Merkblatt erfolgt.

Wie in Kapitel 3.3 und Kapitel 11 ausführlich erläutert wird, sind für die Lebensdauer und das Funktionieren von Sanierputzen auch die Porenräume sehr wichtig, die sich nicht oder nur wenig mit Salzen füllen. Sie gewährleisten, dass die guten Wasserdampfdiffusionseigenschaften auf Dauer erhalten bleiben. Im Interesse des Bauherrn, der möglichst langfristig schadensfreie Putzoberflächen erwartet, ist der Sanierputzformulierer dementsprechend gefordert, sein Produkt gut hydrophob auszurüsten [1].

13.1.1 Forschungen im Fraunhofer Institut für Bauphysik (IBP) mit modifizierten Diffusionsversuchen

Aufbauend auf den Erkenntnissen des BMBF (ehemals: BMFT) – Forschungsvorhabens *Trockenlegung feuchter Bauteile*, an dem auch das Fraunhofer Institut für Bauphysik (IBP) beteiligt war, hat das IBP weitere Untersuchungen an Sanierputzsystemen durchgeführt. Diese Forschungsarbeiten fanden im fachlichen Austausch und mit finanzieller Unterstützung von drei namhaften Sanierputzherstellern statt. Ein Teil der Untersuchungen wird im Folgenden kurz geschildert.

Mithilfe der in Bild 90 gezeigten Versuchsanordnung wurde der Feuchtedurchgang durch verschiedene Putze bei rückseitigem Kontakt mit einer Salzlösung gravimetrisch ermittelt. Bei den geprüften Putzproben handelte es sich um herkömmliche handelsübliche Kalk-, Kompressen-, Kalk-Zement-, Porengrund- und Sanierputze verschiedener Hersteller. Die erhärteten Mörtelprüfkörper hatten eine Dicke von 2 cm. Dieser modifizierte Diffusionsversuch, dessen Ergebnis mit s_d^* bezeichnet wird, entspricht der Situation eines Putzes auf einem Putzgrund aus feuchtem, salzbelastetem Mauerwerk. Nach einem Versuchszeitraum von 30 Wochen wurde nach dem Ausbau der Proben durch Wägung jeweils die Masse des ausgeblühten und des in den Putzproben eingelagerten Salzes bestimmt. Die Ergebnisse sind in Bild 91 dargestellt. Mit Salzeinlagerung ist dabei die vom jeweiligen Putz aufgenommene Salzmenge und mit Gesamtbeladung die Salzeinlagerung zuzüglich der Ausblühung an der Oberfläche der Putze gemeint.

Bei den Putzen C und D (Porengrundputz und Sanierputz) mit geringem Feuchtedurchgang (hauptsächlich durch Diffusion) waren keine Ausblühungen und nur geringe Salzeinlagerungen vorhanden. Bei den Sanierputzen A und B sind Ausblühungen aufgetreten.

Je größer der Feuchtedurchgang mit zunehmendem Kapillartransport ist, insbesondere beim Kompressen-, Kalk- und Kalk-Zement-Putz, desto größer wird die Gesamtbeladung der Putze durch die Salze (Salzeinlagerung und Ausblühungen). Beim Kalk-Zement-Putz wurde der höchste Gehalt an eingelagerten Salzen und der größte Anteil an Ausblühungen festgestellt.

Nach Beendigung dieser Versuche wurden erneut – wie vor der Salzbeaufschlagung – die Diffusionswiderstände nach DIN 52615 (Trockenbereichsverfahren) bestimmt. Diese Ergebnisse sind in Bild 92 wiedergegeben. Hier zeigt sich überzeugend die Überlegenheit der Sanier- und Porengrundputze gegenüber den üblichen Kalk- und Kalkzementputzen. Bei den Sanierputzen A und C ist eine Korrelation zwischen dem s_d-Wert vor der Salzbeaufschlagung und dem s_d^*-Wert mit Salzbeaufschlagung gegeben und beim Porengrundputz D noch erkennbar. Bei den anderen Putzen des Versuchsprogramms liegen zum Teil erhebliche Unterschiede zwischen den s_d- und s_d^*-Werten vor. Insbesondere die Diffusionswiderstände der Kalk- und Kalkzementputze erhöhen sich infolge der eingelagerten Salze um ein Vielfaches.

Bild 91 zeigt die von den 2 cm dicken Putzproben bei rückseitigem Kontakt mit der Salzlösung im Untersuchungszeitraum von 30 Wochen aufgenommene Salzmengen (= Salzeinlagerung) und Gesamtbeladung (= Salzeinlagerung + Ausblühung) in Abhängigkeit vom Feuchtedurchgang durch die Proben im Klima 23 °C / 50 % r. F. Die Differenz der beiden Messpunkte bei einer Putzart ergibt die Menge der Salzausblühungen an der Oberfläche.

Je größer die Saugfähigkeit der Putze ist (vergleiche mit dem Durchgang der Salzlösung aus Bild 91), umso stärker erhöht sich der s_d^*-Wert infolge der eingelagerten Salze. Dies wird bei dem Kalkzementputz mit einer Differenz zwischen $s_d = 0{,}3$ m (ohne Salz) und $s_d^* = 10{,}5$ m (mit Salzbeaufschlagung) besonders deutlich.

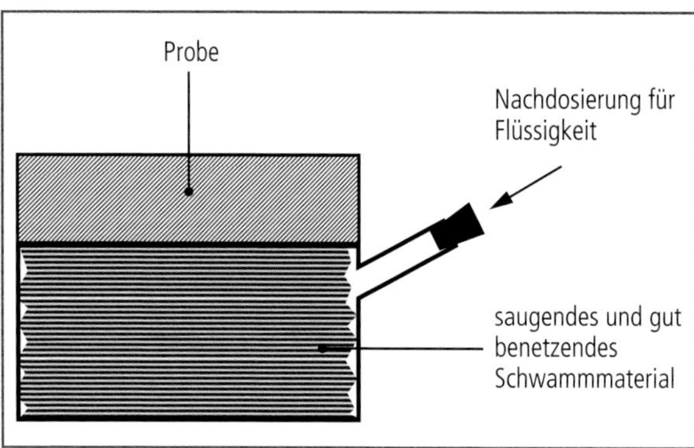

Bild 90: Modifizierter Diffusionsversuch des IBP Holzkirchen (aus [12], S. 97)

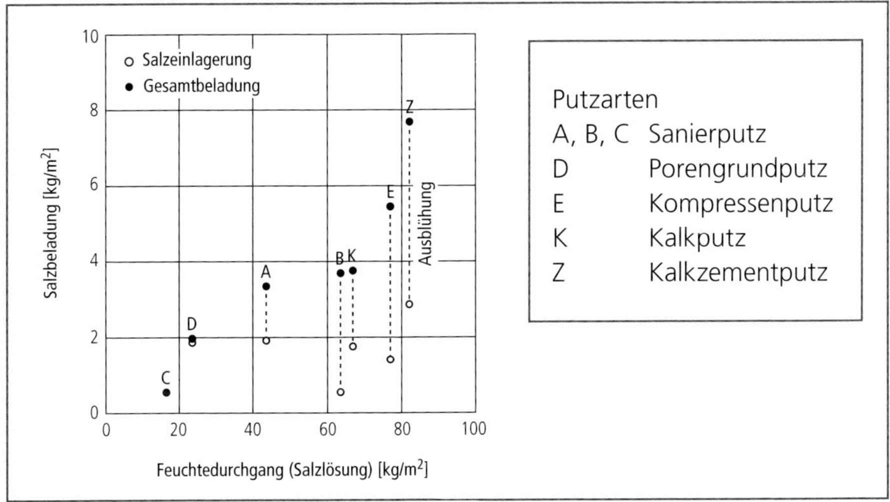

Bild 91: Salzeinlagerung in Relation zur Gesamtbeladung ([12], S. 98)

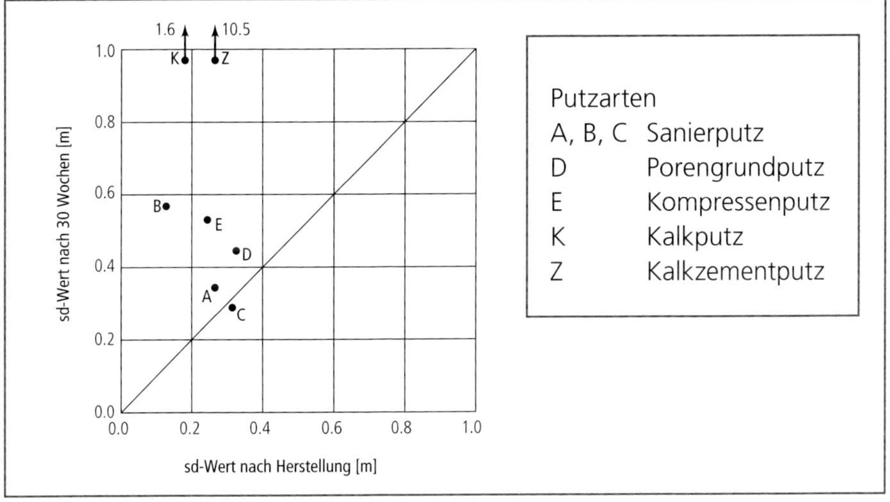

Bild 92: Zusammenhang zwischen der Wasserdampfdurchlässigkeit der Putze (s_d- und s_{d*}-Werte, Trockenbereich) nach 30-wöchigem Kontakt mit Salzlösung und nach Putzherstellung ([12], S. 99)

Ein Vergleich der Diagramme zeigt aber auch, dass die w-Werte und s_d-Werte allein für die »Salzbeladung« und die Änderung des Wasserdampfdurchgangs durch Salzeinlagerung nicht maßgebend sind. Die Porenstruktur und die Art der leichten, porösen Gesteinskörnung haben ebenfalls einen wesentlichen Einfluss.

In der Folge wurden mit der beschriebenen Versuchsanordnung weitere Messungen an Sanierputzsystemen vorgenommen. Der geläufige s_d-Wert beschreibt dabei nur die Wasserdampfdiffusion. Der s_{d*}-Wert kann auch als Feuchtetransportkoeffizient bezeichnet werden, mit dem auf die Feuchtetransportleistung eines Sanierputzsystems geschlossen werden kann, die sich aus Wasserdampfdiffusion und Kapillartransport zusammensetzt.

Wenn in der Praxis zwischen dem Sanierputz und dem salzhaltigen, feuchten Mauerwerk ein Porengrundputz mit höherer Saugfähigkeit »zwischengeschaltet« ist, ist eine andere Situation als bei dem oben genannten Versuch gegeben. Die Wasseraufnahme des Sanierputzes aus einem feuchten Porengrundputz verläuft anders als bei unmittelbarem Wasserkontakt aufgrund des Unterschieds zwischen dem (An-)Saugen und dem Weiterleiten von Wasser.

Trotzdem zeigten die Ergebnisse, dass sich der s_d-Wert und der s_{d*}-Wert gut für die Beurteilung solcher Systeme eignen, wobei zur Bewertung der Dauerhaftigkeit eines Sanierputzsystems auf den verschiedenen Untergründen und klimatischen Randbedingungen vor Ort noch weitere Parameter zu beachten sind.

Die Ergebnisse des Versuchsprogramms des IBP Holzkirchen bestätigten die bauphysikalischen Ansätze der ursprünglichen Sanierputzentwicklung und führten zu aussagefähigeren und vereinfachten Prüfverfahren zur Bewertung der Wirksamkeit und für die weitere Optimierung von Sanierputzsystemen.

13.1.2 Langzeitversuche

In den Jahren 1992/93 wurden von 14 Mörtelherstellern an einem Mauerabschnitt des Schlosses Oberschleißheim verschiedene Versuchsflächen mit handelsüblichen Sanierputzsystemen, auch im Vergleich zu anderen mineralischen Putzsystemen unter anderem Kalkputzen, mit dem Ziel der vergleichenden Langzeitbeobachtung angelegt.

Bei der Mauer im Schlosspark handelt es sich um ein ursprünglich verputztes, historisches Ziegelmauerwerk mit ca. 40 cm Dicke und ca. 3,50 m Höhe. Die Versuchsflächen sind nach Westen ausgerichtet und damit einer starken Bewitterung ausgesetzt. Oberschleißheim liegt in der höchsten Schlagregenzone III gemäß DIN 4108-3. Die Putzauswahl, der Putzaufbau (Unterputz, Oberputz) und die Ausführung erfolgten durch die projektbeteiligten Hersteller. Acht der Versuchsflächen an der Schlossmauer wurden mit Porengrundputz als Unterputz und Sanierputz als Oberputz und sieben Versuchsflächen mit Sanierputzen als Unterputz und Oberputz ausgeführt.

Flankierende Maßnahmen wie Abdichtungen wurden nicht vorgenommen.

Die Voruntersuchungen zum Zustand des Mauerwerks vor dem Anlegen der Versuchsflächen ab 1992 wurden von C. Arendt [1] durchgeführt. Er erhob folgende Befunde: Die Durchfeuchtungsgrade des Mauerwerks in den unteren, das heißt in den Spritzwasserbereichen, betrugen meistens zwischen 60 % und 100 %. Die Abnahme der Durchfeuchtungsgrade über die Höhe und die Zunahme über die Tiefe des Mauerwerks weisen auf kapillar aufsteigende Feuchtigkeit hin. Abdichtende Schichten waren nicht vorhanden. Die Mauerwerksoberflächen wiesen vor dem Anlegen der Versuchsflächen mittlere bis hohe Nitratbelastungen und im oberflächennahen Bereich zum Teil auch erhöhte Sulfatgehalte auf (siehe Bild 93).

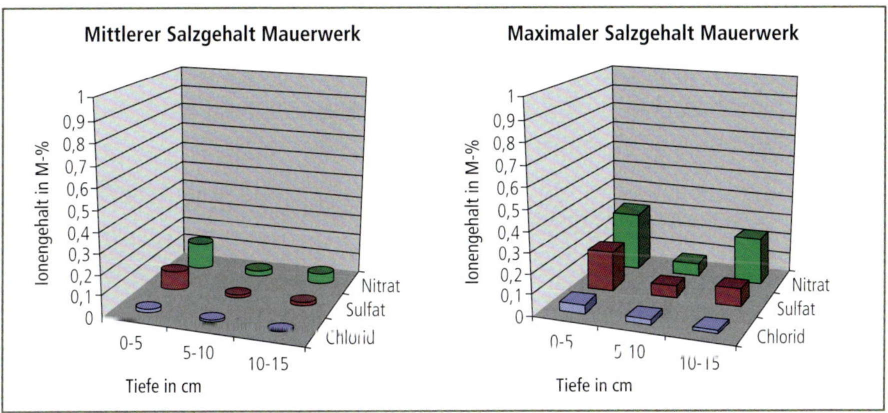

Bild 93: Mittlere und maximale Salzionengehalte des Mauerwerks vor dem Anlegen der Versuchsflächen [4].

Erste Nachuntersuchungen erfolgten bereits 4 bis 8 Wochen nach dem Putzauftrag, eine zweite Probenahme erfolgte nach 10 Monaten durch C. Arendt [4]. Nach ca. elf Jahren Standzeit wurden die Musterflächen 2003 umfassend untersucht und bewertet [4]. Bild 94 zeigt den Zustand der Putzoberflächen und die Probenahmestellen exemplarisch an den Musterflächen A1.2 und A6.1 im Jahr 2003. Die folgenden Beschreibungen beziehen sich nur auf die Sanierputzsysteme. Die Kalkputze waren, soweit im Jahr 2003 überhaupt noch vorhanden, stark zerstört.

Bild 94: Zustand der Putzoberflächen und Probenahmestellen an den Versuchsflächen A1.2 und A6.1 im Jahr 2003 [4].

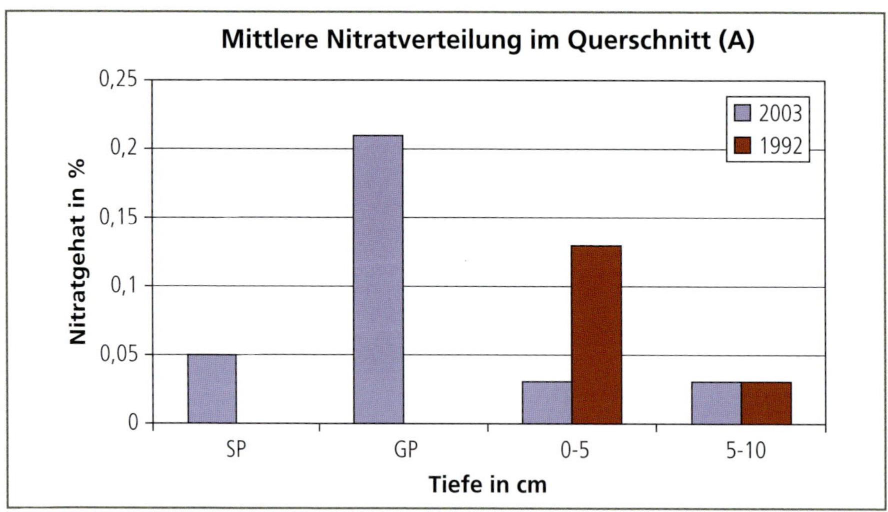

Bild 95: Nitratgehalte eines Sanierputzes (0–1 cm Dicke), des Porengrundputzes (GP: 1–2,5 cm Dicke) und des Mauerwerks in 2 unterschiedlichen Tiefen (0–5 cm und 5 bis 10 cm) nach ca. 11 Jahren Standzeit [4].

Alle Sanierputze wiesen bei den Nachuntersuchungen 2003 einen guten Erhaltungszustand auf. Abgesehen von optischen Veränderungen der Oberfläche durch leichte Verschmutzungen und zum Teil lokale mikrobiologische Besiedelung (Bild 94) waren die Putze technisch in gutem Zustand.

Salzgehalte

Im Putzquerschnitt der meisten Felder mit Sanierputzsystemen aus Grundputz und Sanierputz stellten sich Salzprofile ähnlich dem Profil in Bild 95 ein. Vor dem Aufbringen der Sanierputzsysteme betrug der mittlere Nitratgehalt 0,13 % und der maximale Nitratgehalt 0,29 % für den oberflächennahen Mauerwerksbereich. Nach elf Jahren Standzeit unter Freibewitterung und ohne abdichtende Maßnahmen betrug der durchschnittliche Nitratgehalt des Mauerwerks 0,03 % und der höchste Nitratgehalt nur noch 0,09 %. Die damaligen Werte der oberflächennahen Ziegelschicht entsprachen den nach elf Jahren erfassten Nitratgehalten im Porengrundputz. Vom Porengrundputz wurden also die Nitrate aufgenommen, die vor elf Jahren an der Oberfläche bzw. im oberflächennahen Bereich des Putzgrundes aus Ziegelmauerwerk vorhanden waren. Vergleicht man in Bild 95 die Salzgehalte von Porengrundputz und Sanierputz, ist systematisch eine deutliche Reduzierung der Salzgehalte im Oberputz aus Sanierputz erkennbar – ohne Salzdurchschlagungen an den Oberflächen der Versuchsfelder.

Damit wurde der beabsichtigte Effekt, das heißt die primäre Aufnahme der Salze durch den Porengrundputz im Sinne einer Pufferschicht für die Salze, erneut nachgewiesen.

Hygroskopische Durchfeuchtungsgrade

Das Mauerwerk wies bei der Nachbeprobung einen geringen durchschnittlichen hygroskopischen Durchfeuchtungsgrad von 5 % auf, bei einem Größtwert von ca. 12 % in 0,50 m Höhe und ca. 14 % in 1,35 m Höhe. Demgegenüber sind, korrelierend mit der Salzeinlagerung, die hygroskopischen Durchfeuchtungsgrade der Grundputze erhöht.

Durchfeuchtungsgrade

Bild 96 zeigt exemplarisch die Durchfeuchtungsgrade des Sanierputzsystems eines Versuchsfelds (Unter- und Oberputz aus Sanierputz) und des Mauerwerks darunter in 2 unterschiedlichen Höhen. Die in den Unterputzen der Versuchsfelder erfassten Durchfeuchtungsgrade lagen im Spritzwasserbereich bei den überwiegenden Sanierputzfeldern unter 24 %. In 1,35 m Höhe waren die Durchfeuchtungsgrade noch geringer. In den Oberputzen aus Sanierputz wurden mit Werten zwischen 5 und 20 % die geringsten Durchfeuchtungsgrade gemessen. Wie zu erwarten war, sind die Durchfeuchtungsgrade der Grundputze höher als die der Oberputze aus Sanierputz – es stellte sich das für Sanierputzsysteme typische, gewünschte Feuchtigkeitsgefälle ein.

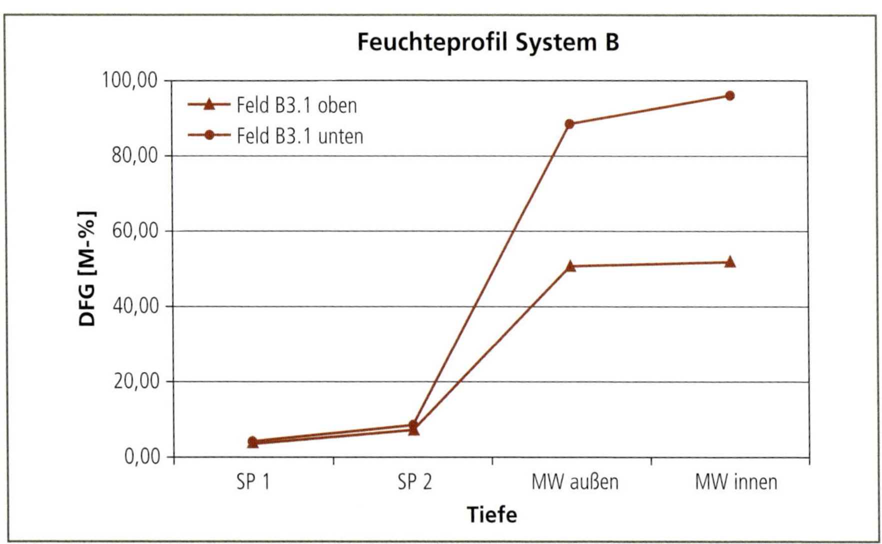

Bild 96: Durchfeuchtungsgrade des Sanierputzsystems eines Versuchsfelds (Unter- und Oberputz aus Sanierputz) und des Mauerwerks darunter in 2 unterschiedlichen Höhen nach 11 Jahren Standzeit (ohne Abdichtungsmaßnahmen)

Vergleicht man die Messergebnisse der Feuchtemessungen am Putzuntergrund aus Ziegelmauerwerk im Ursprungszustand mit denen nach elf Jahren, ist keine wesentliche Veränderung festzustellen. Es war auch nicht zu erwarten, dass die aufgebrachten Sanierputzsysteme ohne zusätzliche abdichtende Maßnahmen die Mauerwerksfeuchtigkeit wesentlich beeinflussen.

Unabhängig von Bindemittelart, Putzzusammensetzung und –hersteller hat keines der im Rahmen der Versuchsflächen eingesetzten Putzsysteme – weder die Sanierputzsysteme noch die Kalkputze oder die sogenannten Entfeuchtungsputze – eine Austrocknung des Mauerwerks im Laufe der elf Jahre bewirkt [4].

Druckfestigkeitsentwicklung

Im Sinne der erwünschten Reversibilität von Instandsetzungsmaßnahmen im Denkmalbereich und zur Vermeidung von Überfestigung und Spannungsaufbau auf weichen historischen Untergründen ist neben der Mindestdruckfestigkeit der Sanierputzsysteme (im Sinne der »Robustheit« und Frostwiderstandsfähigkeit) auch die maximale Druckfestigkeit ein wesentliches Kriterium für Sanierputze (siehe Tabelle 3 im WTA-Merkblatt 2-9: 1,5 bis 5 N/mm²). Bild 97 zeigt die Entwicklung der Druckfestigkeit an vier Versuchsfeldern mit Sanierputzsystemen aus Grundputz und Sanierputz innerhalb von elf Jahren. Keines der Systeme überschritt den Größtwert von 5 N/mm².

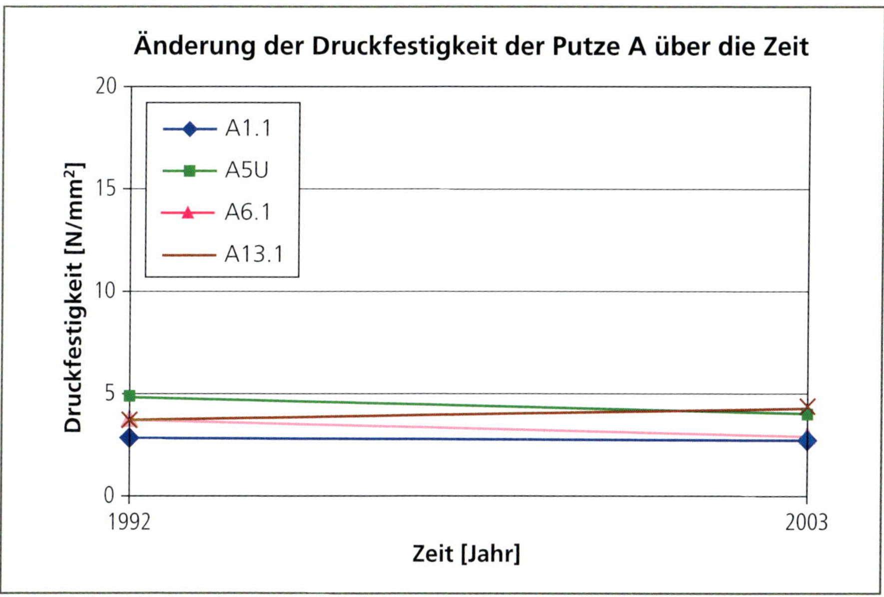

Bild 97: Entwicklung der Druckfestigkeit an vier Versuchsfeldern mit Sanierputzsystemen aus Grundputz und Sanierputz innerhalb von elf Jahren

Wie bei den Sanierputzen mit primär zementären Bindemitteln nicht anders zu erwarten war, wurden keine signifikanten Anstiege oder Rückgänge der Druckfestigkeit in den elf Jahren festgestellt. Das heißt, es muss beim Einsatz von Sanierputzsystemen trotz des zementären Bindemittels nicht mit zu großen Festigkeiten und keiner Nacherhärtung über den üblichen Erhärtungszeitraum von 28 Tagen, bei niedrigen Temperaturen ggf. auch über zwei Monaten hinaus, befürchtet werden.

Bedeutung des Porengrundputzes für das Sanierputzsystem

Durch die wissenschaftlichen Untersuchungen wurde das ursprünglich empirisch umgesetzte Wirkprinzip der Sanierputze bestätigt. Es wurde weiterhin bestätigt, dass für die Funktion das richtige Zusammenwirken zwischen dem Porengrundputz und dem eigentlichen Sanierputz entscheidend ist. Der Grundputz dient dabei nicht nur zum Ausgleich von Unebenheiten und Vertiefungen im Mauerwerk, sondern ist ein wesentlicher Bestandteil des Putzsystems und maßgeblich mitverantwortlich für dessen Dauerhaftigkeit. Insbesondere bei hohen Feuchte- und Salzgehalten sollte ein Porengrundputz mit erhöhter Porosität (siehe Tabelle 2 des WTA-Merkblatts 2-9) unter dem Sanierputz eingesetzt werden.

13.2 Weiterentwicklung von Sanierputzsystemen

Mit zunehmenden Erfahrungen bei der Rezeptierung, den wachsenden optischen und technischen Anforderungen der Sanierungspraxis, der Beobachtung des Sanierputzverhaltens unter Dauerbeanspruchung sowie den Forschungsergebnissen unter anderem zum Verständnis der Feuchte- und Salztransportvorgänge in den unterschiedlichen Poren und zum Langzeitverhalten erweiterte sich auch die Palette der Sanierputzprodukte bei den verschiedenen Herstellern. Im Laufe dieser Entwicklung gelang es, unter anderem mit Unterstützung der definierten Kriterien im WTA-Sanierputz-Merkblatt, die funktionsfähigen von den nicht funktionsfähigen Sanierputzen zu unterscheiden.

Zu Beginn wurden von den Herstellern nur ein oder zwei Produkte für den Porengrundputz und den Sanierputz angeboten, die sich in der Regel nur durch das Größtkorn der enthaltenen Zuschläge unterschieden.

Die ersten Sanierputzprodukte enthielten Weißzement und in der Regel einen Anteil an Kalkhydrat. Mit dem Bestreben, den seitens der Denkmalpflege nicht akzeptierten Zementanteil zu eliminieren bzw. zu reduzieren, wurde versucht, hydraulische Kalke oder Trasskalke als Bindemittel zu verwenden. Zeitweise sind Sanierputze damit hergestellt worden. Das erwies sich jedoch aufgrund des gegenüber dem Zementeinsatz höheren Kapillarporenanteils (zusätzlich zu dem gewollten, hohen Anteil an Luftporen), den geringeren Festigkeiten, der langsameren Festigkeitsentwicklung und nicht zuletzt des erhöhten Alkaligehalts als nicht geeignet. Letztgenannter kann zu weiteren Salzbildungen führen.

Das bei trasshaltigen Mörteln notwendige lange Feuchthalten für die puzzolanische Reaktion war in Gegenwart der Salze im Untergrund nicht umsetzbar, weil die Salze zum Teil bereits durch die trasskalkgebundene Putzschicht »durchgeschlagen« waren, ehe sich mit der Trocknung auch die notwendige Hydrophobie aufbauen konnte. So wurde weiterhin mit Portlandzementen rezeptiert, primär mit grauen Zementen.

In dem Bestreben nicht nur farbige Oberputze auf Sanierputzsystemen, sondern auch durchgefärbte Sanierputze einzusetzen, die technisch keiner weiteren Beschichtung bedürfen, wurden seit den 1990er-Jahren von einzelnen Herstellern auch wieder Weißzemente in Verbindung mit mineralischen alkalibeständigen Pigmenten eingesetzt. Bei farbigen Sanierputzen ist neben der(n) Salzart(en) und der Höhe der Salzbelastung auch die Feuchtesituation im Untergrund zu beachten. Ungleichmäßige Feuchten und Trocknungszeiten führen bei pigmentierten

Sanierputzen – wie auch bei herkömmlichen mineralischen Putzen – stärker zu ungleichmäßigen Farbtönen der fertigen Oberflächen.

Weil in historischen Objekten neben den häufig vorkommenden Nitraten (z. B. als Mauersalpeter) und Chloriden (oft durch Tausalzeintrag) auch Sulfate, z. B. aus gipshaltigen Untergründen, eine Rolle spielen (siehe dazu auch Kapitel 5.5.4), werden ca. seit Mitte der 1990er-Jahre auch Sanierputzprodukte mit hoch sulfatwiderstandsfähigen Zementen angeboten. Dabei geht es nicht nur darum, aus dem Untergrund in den Putzquerschnitt einwandernde Sulfate »einzulagern« und das »Durchschlagen« bis an die Putzoberfläche zu verhindern (was bei Calciumsulfaten aufgrund deren vergleichsweise geringen Löslichkeit ohnehin selten auftritt), sondern auch darum, in dem feuchten und oft kalten Milieu des Mauerwerks, z. B. bei nicht hochwertig genutzten Kellern die Bildung von Treibmineralen wie Ettringit zu vermeiden.

Durch die Aufweitung des europäischen Zementmarktes ist es möglich geworden, selbst weiße sulfatwiderstandsfähige Sanierputze auf der Basis von weißen hochsulfatwiderstandsfähigen Portlandzementen herzustellen – gegenüber den sehr dunkelgrauen, herkömmlichen aluminatarmen Portlandzementen mit hohem Sulfatwiderstand. Ein zusätzlich geringer Alkaligehalt in diesen Weißzementen bewirkt, dass bindemittelbedingte Ausblühungen und Reaktionen der Salze im Untergrund mit löslichen Bestandteilen des Zements vermieden werden.

Die Rezeptur-Entwicklungen bezogen sich aber nicht nur auf die Bindemittel, sondern auch auf Veränderungen bei den Zusatzmitteln insbesondere zur Luftporenbildung und Wasserabweisung. So versuchen einzelne Hersteller, neben der Luftporenbildung und Reduzierung der Rohdichte durch Luftporenbildner und geeignete Leichtzuschläge auch Treibmittel auf der Basis von Aluminium für die notwendige Porenbildung einzusetzen. Diese Art der Porenbildung ist stark temperaturabhängig und ergibt meistens keine ausreichend stabilen Poren in der Porengrößenverteilung, wie sie für dauerhaft funktionsfähige Sanierputze notwendig ist.

Für die notwendige hydrophobe Wirkung der Sanierputzprodukte bereits in der Frühphase der Erhärtung und für die dauerhafte Querschnittshydrophobie wurden bis Ende des 20. Jahrhunderts hauptsächlich zwei unterschiedliche Wirkstoffe (Oleate und Stearate) eingesetzt. Mittlerweile ist es durch die Weiterentwicklung der bauchemischen Einsatzstoffe gelungen, systemverträgliche Kombiprodukte in den Rezepten zu verwenden, die zur Gleichmäßigkeit der technischen Eigenschaften und dauerhaften Qualitätssicherung der Sanierputze beitragen.

Heute führen die meisten Sanierputzhersteller verschiedene Sanierputze mit unterschiedlichen Körnungen, Bindemittelkombinationen (unter anderem auch Portlandzement *sulphate resisting* SR mit Kalkhydrat) und Farben (weiß, grau, zum Teil auch eingefärbt) in ihrem Portfolio der Bausanierungsprodukte und sind somit in der Lage, noch besser als in den Anfangsjahren des Sanierputzeinsatzes auf die unterschiedlichen Objekt- und klimatischen Randbedingungen und ästhetischen Anforderungen einzugehen.

Fazit:
Für eine qualifizierte Weiterentwicklung und forschungsbasierte Neu-Rezeptierung von Sanierputzen waren und sind auch heute noch langjährige und zahlreiche Labor-, Praxis- und Langzeittests notwendig. Nicht zuletzt, da die Objektrandbedingungen und lokalen Untergrundvoraussetzungen sehr stark schwanken und die Wirksamkeit trotzdem dauerhaft gegeben sein muss.

Weiterentwicklung

Regelmäßige Kontakte zu den Wissenschaftlern, Informationsaustausch und die Diskussion neuer Ergebnisse bei WTA-Fachveranstaltungen sind unverzichtbar für Weiterentwicklungen, auch im Bereich der Sanierputzsysteme. Gefestigte und in der Praxis getestete, neue Erkenntnisse werden in das WTA-Merkblatt übertragen, wenn es zur Überarbeitung ansteht.

14 Instandsetzungsbeispiele

14.1 Vorbemerkungen

Im nächsten Kapitel sollen an Objekten in verschiedener Lage und mit unterschiedlicher Nutzung, Instandsetzungen mit Sanierputzeinsatz im Innen- und Außenbereich vorgestellt werden. Die ausgewählten Objekte hatten neben variierenden Randbedingungen auch unterschiedliche Sanierungsziele. Bei allen lag der Sanierputzeinsatz bereits längere Zeit zurück. Der Erfolg bzw. die Dauerhaftigkeit der Maßnahmen wurde anhand visueller Begutachtung und in einem Fall mithilfe von Laborversuchen untersucht. Auch ein Schadensbeispiel wird hier aufgezeigt und die Gründe dafür nachverfolgt.

Der Erfolg einer Instandsetzungsmaßnahme ist maßgeblich von der Festlegung des Sanierungsziels mit allen Beteiligten und dem Erfüllen der auf dieser Grundlage getroffenen, vertraglichen Vereinbarungen abhängig. In vielen Fällen ist es, z. B. aus Kostengründen oder wegen denkmalpflegerischen Anforderungen, nicht möglich, alle technisch notwendigen Maßnahmen auszuführen. Dann ist es wichtig, mit viel Erfahrung und Gespür für das Bauteil und die Auswirkungen von Eingriffen in die Bausubstanz, ein »Maßnahmenpaket zu schnüren«, damit trotz dieser Umstände praktikable Lösungen mit angemessener Dauerhaftigkeit und zumutbarem Aufwand für den Unterhalt möglich sind.

14.2 Umnutzung der Grüner-Brauerei Bad Tölz – Kellerinstandsetzung mit Sanierputz ohne Abdichtungsmaßnahmen

Die 1876 erbaute »Brauerei zum Bürgerbräu« musste aus Gründen der Unwirtschaftlichkeit 2001 mit ungewisser Zukunft stillgelegt werden. Erst 2003/2004 entstanden Pläne, den Gebäudekomplex zu einem Wohn- und Geschäftshaus umzubauen. Ein Teil der Maßnahmen betraf die Sanierung des Kellers.

Der Keller bestand aus zwei Geschossen unterschiedlicher Geometrie, mit einer Fläche von ca. 20 m mal 30 m (Bild 98). Er wurde in das örtliche Tuffgestein gehauen und zum Teil mit Vollziegelmauerwerk ergänzt. Die Tonnengewölbe waren, sofern nicht direkt im Tuffstein hergestellt, ebenfalls aus Vollziegel gemauert. Über lange Zeit durch das Erdreich und das Gestein eingedrungene Feuchte hatte die historische Bausubstanz zum Teil bis zur Sättigung durchnässt (Bild 99, beide UG).

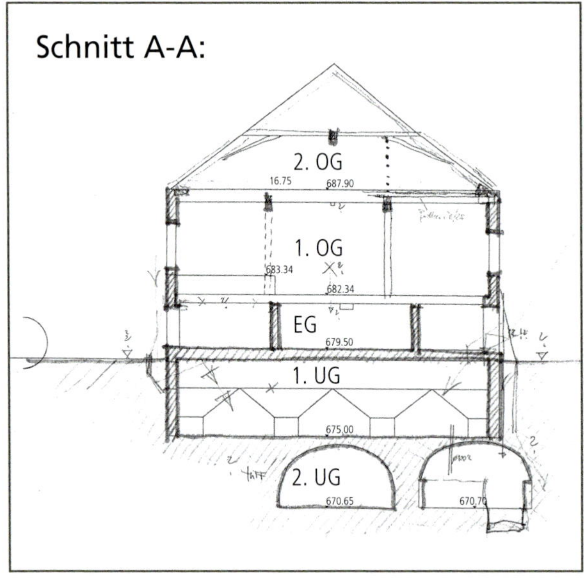

Bild 98: Schnitt (Skizze) des Objekts mit Lage der beiden Untergeschosse

Bild 99: Tonnengewölbe im 2. UG vor der Instandsetzung

14.2.1 Voruntersuchungen

Im Rahmen der Bauzustandsanalyse wurden im November 2004 in den beiden Untergeschossen systematisch die Feuchte- und Salzgehalte in verschiedenen Bereichen untersucht (Bild 100) und die Putz- und Beschichtungsreste visuell begutachtet.

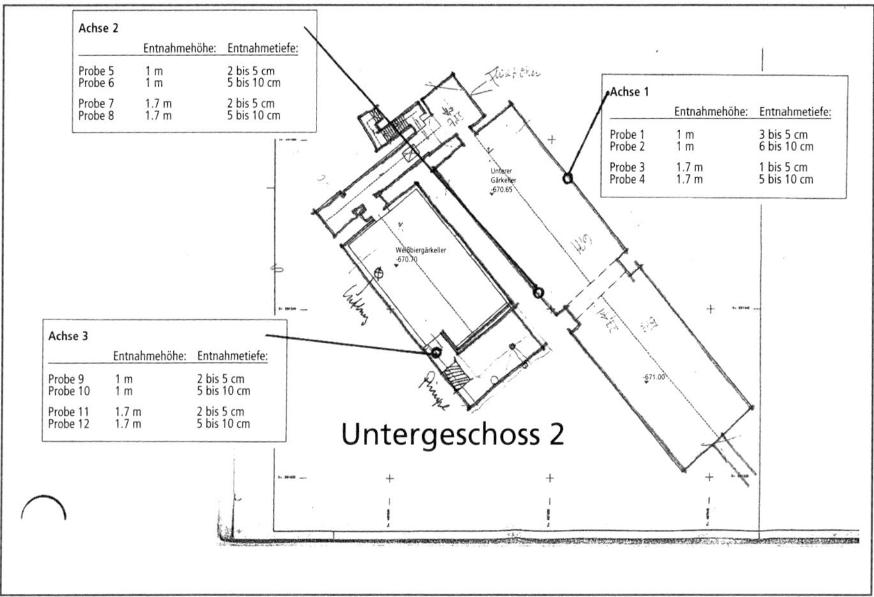

Bild 100: Skizze des 2. UG mit Kennzeichnung der Probenahmestellen

Die Messungen zeigten, dass beide Kellergeschosse mit Durchfeuchtungsgraden von bis zu 100 % hoch feuchtebelastet waren und die Feuchtegehalte in vielen Bereichen vom Wandinneren zur Wandoberfläche zunahmen. Bauschädliche Sulfate und Nitrate waren bei den Proben von den Oberflächen bis in ca. 10 cm Tiefe in geringen bis mittleren Konzentrationen vorhanden (Bewertung gemäß Tabelle 5 des WTA-Merkblatts 2-9-04 [49]). Neben der Kapillarwirkung der vorhandenen Bausubstanz wurden auch Kondenswasserbildung und hygroskopische Feuchteaufnahme als Ursachen der hohen Durchfeuchtung diagnostiziert.

14.2.2 Instandsetzungskonzept und Umsetzung

Im ersten Untergeschoss sollten für einen privaten Nutzer eine Werkstatt und im zweiten Untergeschoss Technikräume eingerichtet werden. Die Nutzungsansprüche erforderten kein Wohnraumniveau, mussten gegenüber der früheren Nutzung jedoch höheren Anforderungen genügen. Die Tauwasserproblematik sollte durch den Einbau einer Bauteiltemperierung (bis jeweils ca. 1,2 m Höhe über Fußboden) und einer Lüftungsanlage gelöst werden. In Bezug auf die aufsteigende Feuchte wurde aufgrund dieser anlagentechnischen Maßnahmen eine Reduktion im oberflächennahen Bereich mit Einstellung gleichmäßiger Feuchteverhältnisse längere Zeit nach Inbetriebnahme der Bauteiltemperierung prognostiziert. Die fußbodennahen Wandbereiche sollten mit einem Sanierputzsystem-WTA verputzt werden. Die übrigen Flächen sollten steinsichtig bleiben bzw. mit einem dünnschichtigen Kalkzementputz versehen werden. Auf Abdichtungsmaßnahmen wie Kellerinnenabdichtung und eine Horizontalsperre wurde vollständig verzichtet. Begründet wurde die abgestimmte Vorgehensweise damit, dass sich durch die gleichmäßige Bauteiltemperierung auch gleichmäßige raumklimatische Verhältnisse einstellen und dadurch mögliche Schädigungen durch Feuchte und Salze auf ein vertretbares Maß reduziert würden. Ein wesentlicher Grund für diese Kompromisslösung ohne Abdichtungsmaßnahmen war das Kosten-Nutzen-Verhältnis, welches der geplanten Nutzung als Keller- und Technikräume angemessen erschien.

Die Umbaumaßnahmen erfolgten in den Jahren 2006/2007. Im Vorfeld wurde festgelegt, dass die Heizungs- und Lüftungsanlage mehrere Monate vor Beginn der Verputzarbeiten in Betrieb sein sollte, um ein Abtrocknen des Mauerwerks im oberflächennahen Bereich zu erreichen. Im Dezember 2006 wurde die Heizungs- und Lüftungsanlage in Betrieb genommen. Eine Zwischenuntersuchung im Februar 2007, ca. zwei Monate nach Inbetriebnahme der Heizungs- und Lüftungsanlage, zeigte in den überwiegenden Bereichen eine deutliche Verringerung der Feuchtegehalte im oberflächennahen Bereich des Mauerwerks. Tiefer liegende Bereiche unterlagen, wie zu erwarten war, geringeren Trocknungseffekten. An den Baustoffoberflächen waren lokale Anreicherungen von Salzen zu beobachten.

Nach dem Abbürsten der Salze und sonstigen losen Bestandteilen begannen ca. vier Monate nach Inbetriebnahme der Heizungs- und Lüftungstechnik die Putzarbeiten, teilweise mit Sanierputz-WTA (vorwiegend im Bereich der Bauteiltemperierung, Bild 101) und teilweise mit einem mineralischen Schlämmputz. Teile der Gewölbeflächen blieben steinsichtig bzw. wurden »steinfühlig« überschlämmt (Bild 102).

Bild 101: Wandtemperierung

Bild 102: Gewölbekeller mit Haustechnik nach der Sanierung: Neben den weißen Sanierputzflächen blieben Gewölbeflächen steinsichtig.

14.2.3 Nachuntersuchung nach drei Monaten und nach vier Jahren Standzeit

Bei den Nachuntersuchungen wurden aus den beiden Untergeschossen Proben in verschiedener Tiefe entnommen und der Feuchtegehalt bestimmt. Die Messungen wurden 2004, 2007 und 2009 durchgeführt, um die Entwicklung des Feuchtegehalts im Mauerwerk zu beobachten und zu dokumentieren. Die Untersuchungsergebnisse sind in Bild 103 und Bild 104 grafisch dargestellt. Der Vergleich der gemessenen Feuchtegehalte in den Untergeschossen einerseits im Vorzustand mit wenigen Monaten Bauteiltemperierung und andererseits nach vier Jahren Standzeit in Kombination mit den lokalen Verputzarbeiten, zeigt, dass sich der Trocknungsprozess an den Wandoberflächen weiter fortsetzte.

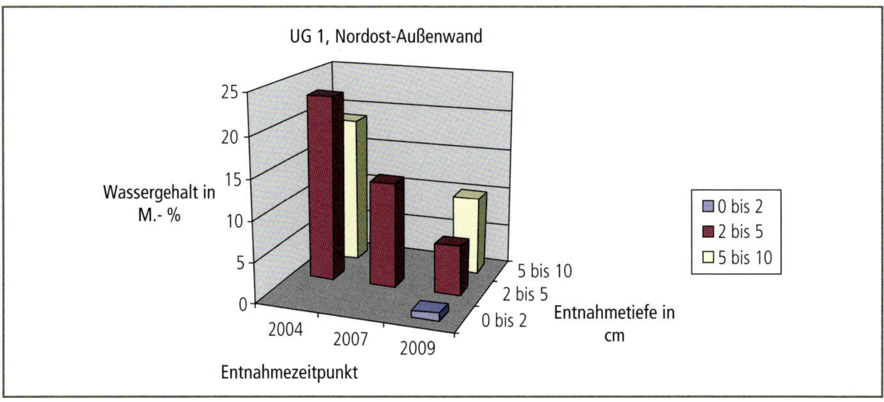

Bild 103: Feuchtegehalte an Proben aus dem 1. Untergeschoss: von der Oberfläche bis zu 10 cm Tiefe [15]

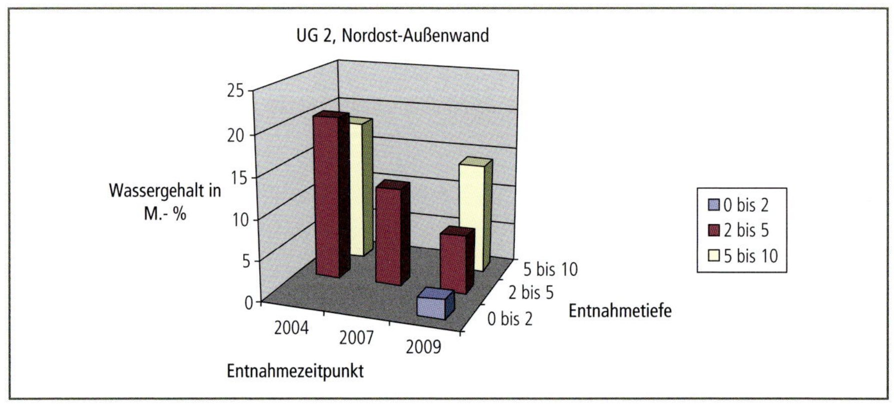

Bild 104: Feuchtegehalte von Proben aus unterschiedlichen Tiefen im 2. Untergeschoss [15]

Bild 105 und Bild 106 zeigen jeweils die gleichen Bereiche im Vorzustand und nach der Instandsetzung mit den Sanierputzflächen und der Haustechnik in den beiden Untergeschossen.

Bild 105: Teile des Untergeschosses 1 vor der Instandsetzung und danach (2007)

Bild 106: Teile des Untergeschosses 2 vor der Instandsetzung und danach (2007)

Wie vorherzusehen war, traten auf dem Sanierputz vereinzelt Flecken, zum Teil mit kleinflächigen Durchsalzungen auf (Bild 107). Auch außerhalb der Sanierputzbereiche zeigten sich partielle Salzkristallisationen, die lokal zu kleinflächigen Ablösungen der Beschichtung und geringem Substanzverlust an der Oberfläche (Absanden) des unveränderten Bestandsmauerwerks führten (Bild 108).

Bild 107: Vereinzelte Flecken im Sanierputz, zum Teil mit Durchsalzungen auf nicht abgedichtetem Untergrund

Bild 108: Absanden an der Oberfläche des unveränderten Bestandsmauerwerks nach der Instandsetzungsmaßnahme

14.2.4 Bewertung der Maßnahme mit Sanierputzeinsatz

Da keine Abdichtungsmaßnahmen erfolgten, blieb das Mauerwerk im Inneren feucht, was die Tragfähigkeit jedoch nicht beeinträchtigt. An einzelnen Stellen traten, zum Teil jahreszeitlich wechselnd, feuchte Flecken und Salzausblühungen auf. In Kombination der Heizungs- und Lüftungstechnik und den Sanierputz- und Sichtmauerwerksflächen wurde ein Raumklima geschaffen, das einerseits die gewünschte Kellernutzung für Werkstatt- und Technikräume des Fahrzeugsammlers ermöglichte und andererseits das Erreichen einer Ausgleichsfeuchte des Mauerwerks im oberflächennahen Bereich förderte.

Kondenswasserbildung konnte aufgrund der Heizungs- und Lüftungstechnik als eine maßgebliche Durchfeuchtungsursache weitgehend ausgeschlossen werden. Eine Wanderung der Salze aus dem Mauerwerk infolge des nicht unterbundenen Kapillartransports war weiterhin möglich. Wenn diese als Ausblühung sichtbar oder ihre Wirkung durch kleinflächige Ablösungen im oberflächennahen Bereich wirksam wurden, könnten sie trocken, z. B. durch Abbürsten, entfernt werden. Durch die geringere Raumluftfeuchte nach der Sanierung war weniger mit hygroskopischer Feuchteaufnahme an den Flächen mit Salzausblühungen zu rechnen. Da aufgrund des gleichmäßigen Raumklimas weniger Zyklen von Lösen und Kristallisation der Salze auftraten, war deutlich weniger mit Folgeschäden an der historischen Bausubstanz zu rechnen.

Die erfolgreiche Umnutzung dieser Kellergeschosse wurde möglich durch die klare Definition des Sanierungsziels nach vorheriger Abwägung der Folgen des Kompromisses ohne Abdichtungen und eine gute Detailplanung und Überwachung, insbesondere an den Gewerkeschnittstellen. An dieser Stelle ist jedoch zu erwähnen, dass sich derartige Kompromisslösungen nur mit Gewährleistungseinschränkungen für die Ausführenden realisieren lassen. Am vorliegenden Objekt waren sich die Vertragspartner über das Sanierungskonzept, die damit verbundenen Einschränkungen und die nicht auszuschließenden Risiken einig, sodass die Kellersanierung mit lokalem Sanierputzeinsatz in diesem Fall auch ohne Abdichtungsmaßnahmen zum Erfolg wurde.

14.3 Instandsetzung der unteren Bereiche des »Linzgau-Leuchtturms« in Hohenbodman

Der ca. 37 Meter hohe Turm der ehemaligen Burganlage Hohenbodman aus dem 11. Jahrhundert steht im Linzgau, in einem Waldstück über dem Aachtobel nahe der Gemeinde Hohenbodman (Bild 109). Er ist mit seiner idyllischen Lage und dem wunderbaren Blick über das Bodenseegebiet bis zu den Alpen ein beliebtes Wanderziel für Einheimische und Urlauber. Der Turm hat einen Außendurchmesser von rund 9,0 m, im oberen Bereich ein aufgesetztes Geschoß mit Fenstern und eine überdachte Aussichtsplattform. Der Weg zum Turm und der Bereich um den Turm sind mit Kies versehen.

Bild 109: Linzgau-Leuchtturm, Luftaufnahme während der Instandsetzung 2012 (Gemeinde Owingen)

Der Turm besteht aus Bruchstein- und Feldsteinmauerwerk aus regionalen Sedimentgesteinen. Im unteren Bereich hat das Mauerwerk eine Stärke von ca. 3,40 m und ist mit mehreren Lagen Putz unterschiedlicher Epochen versehen (Bild 110). Das Alter des Turms ist nicht bekannt. Aufgrund seiner freistehenden Lage auf ca. 659 m ü. N.N. in der höchsten Schlagregenzone III gemäß DIN 4108, seiner Höhe von 37 m und des geringen Dachüberstands, ist sein Außenputz einer intensiven Bewitterung ausgesetzt.

14.3.1 Zustand vor der Instandsetzung

Der weiße Turm (liebevoll auch als »Linzgau-Leuchtturm« bezeichnet [7]) gehört seit 1971 der Gemeinde Owingen und wurde im Jahr 2012 aufwendig instandgesetzt, einschließlich des Dachs und der Außenanlagen. Nach visueller Begutachtung durch den Restaurator wurden bereits im Jahr 1995 Feuchteschäden im oberen Turmgeschoss und im Sockelbereich bis ca. 2,50 m Höhe festgestellt[4]. Die folgenden Ausführungen beziehen sich nur auf die Maßnahmen im Sockelbereich ab 2012.

Als Ursachen für die Schäden in den unteren Bereichen unter anderem in der Form von lokalen Hohlstellen und Putzabplatzungen wurden vom Restaurator »*aufsteigende Feuchtigkeit und damit verbundener Transport von Salzen aus dem Erdreich*« benannt. Bei den von einem Mörtelhersteller durchgeführten Untersuchungen wurden vor allem Sulfate festgestellt. Auch Spritzwassereintrag hatte als Ursache für die Schäden mit großer Wahrscheinlichkeit eine Rolle gespielt.

4 Sebastiani, M.: Turm (Mehlsack) in 88696 Hohenbodman – Begutachtung der Putzschäden am 10.04.95, Bericht vom 22.04.1995

14.3.2 Instandsetzungsplanung und Umsetzung

Die Ausführung erfolgte im Jahr 2012. Gemäß Planung wurde der schadhafte Putz im Sockelbereich und in den angrenzenden Fassadenbereichen mit Fehlstellen oder hohlliegendem Putz bis aufs Mauerwerk entfernt und der mürbe und lose Fugenmörtel mindestens 2 cm tief ausgekratzt. Dabei wurde versucht, eine gleichmäßige Begrenzungslinie zum Bestandsputz umzusetzen (Bild 110).

Bild 110: Mauerwerk nach dem Abschlagen des Putzes in den geschädigten unteren Bereichen

Im Übergang vom Sockelbereich (bis ca. 30 cm Höhe) zum erdberührten Bereich wurde auf den gereinigten Untergrund volldeckend ein WTA-zertifizierter sulfatbeständiger Spritzbewurf aufgebracht, der mit zwei Schichten eines systemzugehörigen Sperrputzes frisch in frisch versehen wurde (Bild 111).

Bild 111: Der untere, mit Sperrputz abgedichtete Bereich ist aufgrund der Materialunterschiede erkennbar (Zustand 2020).

Die darüber liegenden Bereiche wurden mit dem gleichen Spritzbewurf, jedoch in netzförmiger Ausführung versehen. Die Vertiefungen und Unebenheiten wurden mit einem sulfatbeständigen Sanierputz-WTA bis zu 4 cm Dicke egalisiert und die Oberfläche während des Ansteifens aufgeraut (Bild 112). Anschließend wurde mit einem weißen, sulfatbeständigen Sanierputz-WTA bis 1,5 mm Größtkorn mit mindestens 2 cm und bis zu 4 cm Dicke verputzt, die Oberfläche abgezogen und strukturiert.

Bild 112: Zustand nach dem Aufrauen der ersten, egalisierenden Lage aus sulfatbeständigem Sanierputz

Aus denkmalpflegerischen und gestalterischen Gründen wurde darauf Wert gelegt, alle neu hergestellten Oberflächen in Struktur und Körnung den Altoberflächen anzupassen (Bild 113).

Bild 113: Oberfläche nach dem Anarbeiten des Sanierputzes (rechtes unteres Bilddrittel) an den Bestandsputz

14.3.3 Begutachtung und Bewertung nach acht Jahren Standzeit

Bild 114 zeigt den Turm zu Hohenbodmann ca. acht Jahre nach der Sanierung in sehr gutem Zustand. Die Strukturunterschiede zwischen dem neuen Sanierputz in den unteren Bereichen und dem Bestandsputz sind erkennbar, aber keinesfalls störend – in Anbetracht der insgesamt lebendigen Turmoberfläche (Bild 114 und Bild 115).

Bild 114: Turm zu Hohenbodmann ca. acht Jahre nach der Sanierung

Beim genauerem Betrachten sind in der groben Struktur an einzelnen Stellen Einzelrisse, zum Teil verzweigend, mit ca. 0,35 mm Breite erkennbar (Bild 116). Die Rissflanken sind trocken und nicht verschmutzt. Das Abrollen der Neuputzbereiche und Altputzbereiche mit einem Hohlstellenprüfer bis in ca. 2,50 Meter Höhe zeigte stellenweise Klangunterschiede. Diese können auf kleinflächige Hohlstellen hinweisen. Da sie aber in gleicher Weise in den alten und neuen Putzbereichen vorhanden sind, ist eher davon auszugehen, dass die örtlichen Hohlklänge auf nicht vollständig in der gesamten Tiefe vermörtelte Fugen im historischen Bruchstein-/Feldsteinmauerwerk zurückzuführen und keine Hohllagen des Putzes sind.

Auch die unteren Spritzwasserbereiche zeigen keine Veränderungen zur Ausführung vor acht Jahren (siehe Bild 111). Der Sperrputz über dem sulfatbeständigen Spritzbewurf haftet fest am Untergrund, ist kaum verschmutzt und am Putzmörtelwechsel zwischen Sperrputz und Sanierputz ist auch nachträglich kein Riss entstanden.

Bild 115: Lebendige Putzoberflächen im unteren Bereich des Turms: Strukturunterschiede zwischen dem Sanierputz und dem Bestandsputz sind erkennbar (vgl. mit den Bereichen aus Bild 110)

Bild 116: Einzelrisse (hier: ca. 0,35 mm breit) mit trockenen und nicht verschmutzten Rissflanken

14.4 Sanierung der Kirchhofmauer der Kirche St. Eulogius in Aftholderberg

Die ursprünglich gotische Kirche St. Eulogius in Aftholderberg wurde im 19. Jahrhundert vergrößert und in den 1980er-Jahren restauriert. Die dem heiligen Eulogius geweihte Kirche ist nicht nur wegen ihres Pferdepatrons und dem jährlich stattfindenden Festes mit Pferdesegnung erwähnenswert, sondern auch aufgrund der besonderen Lage im Linzgau auf einer Wasserscheide: Auf der einen Dachseite fließt das Regenwasser in den Rhein, auf der anderen Seite in die Donau. Die Kirche ist freistehend auf ca. 815 m ü. N.N. in der höchsten Schlagregenzone III gemäß DIN 4108 gelegen. An die Kirche grenzt teilweise eine verputzte Feldsteinmauer, die – wie die meisten historischen Kirchenmauern – nicht abgedichtet war. Durch den permanenten Kontakt zu Bodenfeuchte und Sickerwasser, lokalen Absprengungen durch Wurzeldruck (Bild 117) sowie Salzeintrag unter anderem durch die angrenzenden Gräber, befand sie sich zur Jahrtausendwende in sehr schlechtem Zustand. Bild 117 zeigt ein Detail des Vorzustands mit zum Teil losen Mauermörtel, fehlenden Mauersteinen und Wurzeln, die stellenweise den gesamten Mauerquerschnitt durchzogen. Die lokal hohen Feuchtegehalte sind an den dunklen Stellen in Bild 117 erkennbar, wo sich Mauermörtel und Erde zum Teil bereits vermischt hatten. In Teilbereichen waren Reste eines modernen, wahrscheinlich zementhaltigen Putzes vorhanden (siehe obere rechte Bildhälfte in Bild 117). Die in Resten vorhandene Dachziegellage im oberen Bereich diente wahrscheinlich zur Reduzierung des Eintrags von Oberflächenwasser über die Mauerkrone. Bei den Salzen handelte es sich, wie durch die angrenzenden Gräber zu erwarten, hauptsächlich um Nitrate, vor allem Mauersalpeter (Calciumnitrathydrat).

Bild 117: Detail des Vorzustands der Feldsteinmauer

14.4.1 Planung und Ausführung der Sanierungsarbeiten

Anhand der Zeichnung in Bild 118 sind die geplanten Maßnahmen erkennbar, die im Jahr 2003 umgesetzt wurden.

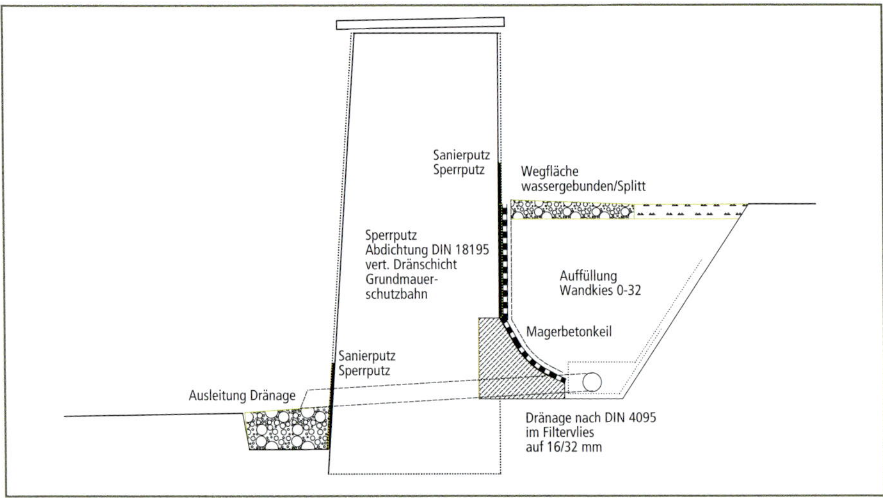

Bild 118: Zeichnung mit den geplanten Maßnahmen (Architektin: Corinna Wagner-Sorg, Überlingen)

Die Fichtenhecke auf dem Nachbargelände im direkten Anschluss an die Mauer wurde gerodet. Bild 119 zeigt ein Detail der Kirchhofmauer vor den Abdichtungs- und Verputzarbeiten, nach dem Freigraben und groben Reinigen der Innenoberflächen. Die mürben Fugen wurden ausgekratzt und lose bzw. lockere Steine mit Mörtel fixiert.

Bild 119: Zustand vor den Abdichtungs- und Verputzarbeiten

Nach dem Freilegen der Innenseite wurde auf einer Kehle aus Magerbeton im erdberührten Bereich bis einige Zentimeter über Gelände eine Abdichtung aus Sperrputz auf einem WTA-Spritzbewurf aufgebracht. Zur Ableitung des Oberflächenwassers wurde unter der Kiesauffüllung eine Dränung aus Steinzeugrohr in einem Filtervlies verlegt und mit Gefälle zur Außenseite der Mauer geleitet.

In den Bereichen über Gelände wurde auf der Außen- und Innenseite ein zweilagiger Sanierputz appliziert. Bild 120 zeigt die erste Lage des Sanierputzes. Die defekten Beton- und Natursteinabdeckungen auf der Mauerkrone wurden entfernt und durch neue Betonsteinabdeckungen ergänzt. Bild 121 zeigt die als Kellenstrich ausgeführte, leicht mit einem Pinsel strukturierte Sanierputzoberfläche und die in Gefälle versetzten Betonabdeckungen mit offenen Fugen, unter denen das Oberflächenwasser über u-förmige Blechrinnen nach außen geleitet wird.

Bild 120: Zustand nach dem Aufbringen der ersten Sanierputzlage

Bild 121: Strukturierte Sanierputzoberfläche und Betonabdeckungen mit u-förmigen Blechrinnen unter den offenen Fugen

14.4.2 Begutachtung und Bewertung nach 17 Jahren Standzeit

Bei der visuellen Begutachtung und einfachen zerstörungsfreien Prüfungen wie Rissbreitenmessung und Hohlstellenprüfung zeigte sich ca. 17 Jahre nach der Sanierung folgendes Bild: Der Sanierputz haftete nach wie vor fest auf dem historischen Mauerwerk. Die Oberflächen des kirchhofseitig, auf der Ostseite, aufgebrachten Sanierputzes waren lokal leicht verschmutzt (Bild 122). Vereinzelt sind Einzelrisse mit Rissbreiten von ca. 0,2 mm vorhanden (Bild 123). Die Ableitung des Oberflächenwassers über die, unter den Fugen der Betonabdeckplatten angeordneten, metallischen U-Profile hat sich sehr gut bewährt. Der Putz war auch ohne Kellenschnitt nicht abgerissen und es zeigten sich keinerlei feuchte Stellen oder Schmutzabläufer unter den Fugen.

Auch die größeren Sanierputzflächen der Westseite befinden sich überwiegend in sehr gutem Zustand (Bild 124), mit nur leichten Verschmutzungen im unteren Spritzwasserbereich über dem Kiesstreifen. Ausgenommen davon ist der untere Eckbereich zur Kirchentreppe, wo alle Putzschichten hohl liegen bzw. zum Teil bereits abgeplatzt sind (Bild 125). Die Ursache dafür war bereits visuell erkennbar: neben der Treppe, oberhalb der Mauer, ist die Überdeckung durch die Betonwerksteinplatten nicht ausreichend und der Anschluss zur Treppe nicht abgedichtet, sodass Oberflächenwasser von oben in den Eckanschluss eindringen konnte (Bild 126). Da der Putz dadurch hinterfeuchtet wurde und in diesem, unteren Sockelbereich der Wetterseite zusätzlich Spritzwasser eindrang, wurde das Gefüge aufgrund des hohen Füllgrades der Poren mit Wasser bei Frostangriff überbeansprucht.

Bild 122: Sanierputzoberflächen entlang der nachträglich abgedichteten Kirchhofmauer (vormals Bereich mit Gräbern)

Bild 123: Detail des kirchhofseitig aufgebrachten Sanierputzes mit Einzelriss bis 0,2 mm Breite

Bild 124: Intakte Sanierputzflächen der Westseite

Bild 125: Hohl liegende bzw. zum Teil bereits abgeplatzte Putzschichten im unteren Spritzwasserbereich der Ecke (Westseite)

Bild 126: Nicht fachgerechte Anschlussgestaltung zwischen Treppe und Kirchhofmauer, über die Oberflächenwasser in die Fuge und hinter den Putz gelangen kann

14.5 Lokale Putzinstandsetzung im Inneren der Kirche in Röhrenbach

Die Pfarrei St. Bartholomäus in Röhrenbach wurde erstmals im 12. Jahrhundert erwähnt. Wegen ihrer zentralen Lage im Linzgau nahe Heiligenberg entwickelte sie sich zur Leutkirche für die umliegenden Ortschaften (Bild 127).

Bild 127: Kirche Röhrenbach (Süd-Ost-Seite mit Turm)

In das Kircheninnere führen zwei Stufen nach unten, der Kirchenboden liegt teilweise unterhalb des Geländes. Aufgrund dieser Situation und wegen fehlender Abdichtung waren die unteren Wandbereiche insbesondere links und rechts von den Türen und neben den Bänken, die direkt an die Wände anschlossen, durch Feuchte- und Salze geschädigt. Bei den Salzen handelte es sich hauptsächlich um Sulfate.

14.5.1 Vorzustand und Instandsetzung

Teile des Innenputzes auf dem Natursteinmauerwerk wurden im Rahmen verschiedener Maßnahmen im Kircheninneren ab 2004 instandgesetzt, nachdem in den unteren Bereichen Schäden aufgetreten waren und man sich entschlossen hatte, die partielle Innendämmung aus einer Dreischichtplatte mit Polystyrolkern (einer Maßnahme aus den 1980er-Jahren), d. h. aus »artfremdem« Material, zu entfernen. Bild 128 zeigt den früheren Innenputz an der Nordseite des Schiffs nach dem Entfernen der Bänke. In den unteren Bereichen der Nordseite waren die einen Zentimeter dicken Polystyrolplatten vollflächig aufgeklebt und mit zwei Lagen mineralischem Putz versehen (Bild 129). Die verputzten Dämmplatten sowie der Putz auf dem Bruchsteinmauerwerk und dem zum Teil modernen Ziegelmauerwerk im Bereich von Umbauten wurden bis zur Unterkante der Fenster entfernt (Bild 129).

Bild 128: Früherer Innenputz an der Nordseite des Schiffs nach dem Entfernen der Bänke

Bild 129: Vollflächig verklebte Dreischichtplatte mit Polystyrolkern mit zwei Lagen Putz und weißer Beschichtung

Bild 130: Mauerwerk nach dem Entfernen des Putzes bis zur Unterkante der Fenster

Die mit der Planung beauftragte Architektin legte in Abstimmung mit der Denkmalpflege fest, die unteren Bereiche mit einem zweilagigen Sanierputzsystem auf einem netzförmigen, sulfatbeständigen Spritzbewurf bis in ca. einen Meter Höhe zu verputzen. Damit Bestandsputz und Sanierputzsystem nicht direkt aneinandergrenzen, wurde seitens der Denkmalpflege eine »Alarmzone« aus einem Kalkputz zum Schutz des Bestandsputzes gefordert (Bild 131), falls trotzdem Salze nach oben steigen sollten.

Bild 131: Sanierputz (grau), darüber die »Alarmzone« aus Kalkputz (ocker) bis zur Unterkante der Fenster und darüber verbleibender Bestandsputz (weiß beschichtet)

Die Bodenplatte entlang der Wände im Bereich der Bänke sollte ca. 10 cm eingeschnitten und mit Kies gefüllt werden.

Der zuständige Vertreter der Denkmalpflege empfahl eindringlich die Feuchtebelastung innen innerhalb von ein bis zwei Jahren nach der Innensanierung zu reduzieren, durch geeignete Maßnahmen an den Außenwänden, vor allem an der Nord- und Westseite. Diese abdichtenden Maßnahmen außen erfolgten jedoch erst Jahre später und die Putzausführung, vor allem die Anschlussgestaltung Wand/Boden, war nicht optimal, sodass es in den unteren Bereichen innen nach dem Sanierputzauftrag im Verlauf von ca. 2 Jahren zu Rissen und lokalen Salzdurchschlagungen kam. Daraufhin wurde im Jahr 2006 ca. 30 cm hoch über dem Betonboden ein Teil des neuen Putzsystems entfernt und mit dem gleichen Sanierputz ergänzt. Zuvor wurde der innere Anschluss, die Kehle, zwischen Boden und Wand bis in Höhe des Holzaufbaus über dem Beton, auf dem die Bänke stehen, mit einem Sperrputz versehen.

14.5.2 Heutiger Zustand: Visuelle Begutachtung und Nachuntersuchung

Bei der jüngsten visuellen Begutachtung und einfachen zerstörungsfreien Prüfungen waren in den Sanierputzbereichen neben den Bänken bis zur Höhe der Fenster keine Veränderungen gegenüber der vor 14 Jahren erfolgten Instandsetzung erkennbar (Bild 132). Der geringe Unterschied im Weißgrad der Beschichtung auf den Wänden (das heißt auf den Sanierputzflächen bis in ca. einem Meter Höhe), den Kalkputzflächen bis zu den Fenstern und den Bestandsputzflächen darüber (siehe Bild 131) ist darauf zurückzuführen, dass auf den neuen Putzflächen ein anderes Anstrichsystem gewählt wurde als auf den vorhandenen Bestandsputzen.

Bild 132: Weiß beschichtete, intakte Sanierputzflächen neben den Bänken

Nur an einzelnen Stellen im Spalt zwischen Wand und Holzboden und bis maximal 10 cm Höhe über dem Holzboden zeigen sich lokale Salzkristallisationen zwischen Putz (teils Sperrputz, teils Sanierputz) und Anstrich sowie kleinflächige Anstrichabplatzungen (siehe Bild 133). Um den Ursachen der Anstrichabplatzungen auf den Grund zu gehen, wurde der Spalt zwischen Wand und Holz ausgeleuchtet und der Bereich von außen visuell begutachtet. Der Übergang in den erdberührten Bereich und der Spritzwasserbereich außen wurden zwischenzeitlich mit einem Sperrputz und einer Dichtungsschlämme versehen, jedoch kann ein Feuchteeintrag ins Mauerwerk durch die vorhandenen Risse (exemplarisch: Pfeil in Bild 134) nicht völlig ausgeschlossen werden. Dies wird jedoch aufgrund der großen Wandstärke nicht als Ursache für die Anstrichablösungen innen angesehen. Vielmehr ist in Bild 135 zu erkennen, dass sich salzbelastete Putzreste vom Entfernen des unteren Putzstreifens der letzten Instandsetzung in der gesamten Länge des Spalts zwischen Holz und Wand befinden. Da diese nicht entfernt wurden, wie es üblich ist und von den Sanierputzherstellern in ihren technischen Unterlagen explizit gefordert wird, und es in diesem Bereich kalter Wandoberflächen zu Kondensat kommen kann, konnten sich die Salze aus den Putzresten erneut lösen. Aufgrund der behinderten Konvektion im Spalt wurde die Feuchte kaum abgeführt und die ohnehin leicht löslichen Salze konnten »zurückwandern«. Eine Salzanalyse von Proben dieser Putzreste ergab hohe Gehalte an Sulfaten, vor allem Natriumsulfat, welches bereits bei der Erstuntersuchung vor den Maßnahmen festgestellt worden war.

Bild 133: Salzkristallisation und Abplatzungen des weißen Anstrichsystems: Der graue Sperrputz und der hellere Sanierputz darüber sind nicht sauber angearbeitet.

Bild 134: Sperrputz im Spritzwasserbereich außen mit Einzelrissen (Pfeil)

Bild 135: Salzbelastete Putzreste vom Abschlagen des unteren Putzstreifens aus dem Jahr 2006 wurden nicht entfernt und liegen im Spalt zwischen Holz und Wand.

14.5.3 Bewertung nach 16 Jahren Standzeit

Die Sanierputzflächen befinden sich ca. 16 Jahre nach der Ausführung in sehr gutem Zustand. Die Sanierputzflächen sind fest und es sind keine Risse oder Hohlstellen und kaum Verschmutzungen vorhanden. Die seitens der Denkmalpflege geforderte »Alarmzone« in der Form eines kalkgebundenen »Übergangsputzes« zwischen Sanierputz und Bestandsputz, die entsprechend dem Funktionsprinzip der Sanierputzsysteme, insbesondere wegen ihrer hohen Wasserdampfdurchlässigkeit, einer technisch begründeten Notwendigkeit entbehrt, erwies sich erfreulicherweise als unnötig.

Die Ursache für die lokalen, kleinflächigen Anstrichablösungen und Salzkristallisationen, die nur beim genaueren Begutachten der unteren Wandabschnitte zwischen den Bänken zu sehen sind, war schnell zu finden und ist auf eine unsaubere Arbeitsweise während der nachträglichen Putzausbesserungen zurückzuführen.

14.6 Thomaskirche Leipzig – Neuverputz Turm und Ostgiebel

Der 68 m hohe Ostturm der Thomaskirche wurde im 14. Jahrhundert auf Resten eines romanischen Vorgängerbaus errichtet. Seine jetzige Gestalt erhielt er im 19. Jahrhundert. An seinem Außenputz wurden in den 1990er-Jahren Restaurierungen vorgenommen. Mitte 1992 wurden dafür erste Musterflächen angelegt.

Voruntersuchungen an dem stark geschädigten Ziegelmauerwerk aus schwach gebrannten Elbziegeln hatten ergeben, dass die Ziegeloberflächen insbesondere infolge steinmetzmäßigen Abtrags alter Putzschichten stark beschädigt waren. Teils lagen großflächige Ziegelscherben in einem aufgelockerten Verbund vor, teils waren Ziegel gerissen und frostgeschädigt. Lokal wurde eine mittlere bis hohe Sulfatbelastung festgestellt. Das mit der Planung beauftragte Ingenieurbüro forderte daher für die Instandsetzung einen hoch sulfatbeständigen Grundputz und Wasserabweisung für das Putzsystem gemäß der damals gültigen DIN 18550.

14.6.1 Verputzarbeiten mit einem Sanierputzsystem bei der Instandsetzung im Jahr 1994

Im Oktober 1992 wurde entschieden, dass im Bereich aller zu verputzenden Flächen (Turm, Ostgiebel) ein Sanierputzsystem gemäß dem damals gültigen WTA-Merkblatt 2-2-91 E bestehend aus hoch sulfatbeständigem Spritzbewurf, Porengrundputz und Sanierputz zum Einsatz kommen sollte. Mit der Ausführung der Putzarbeiten wurde ein Spezialbetrieb für Denkmalpflege beauftragt. Bild 136 zeigt eine Zeichnung des Turms zur Ostseite mit Kennzeichnung der Bereiche D bis G, die 1994 verputzt wurden.

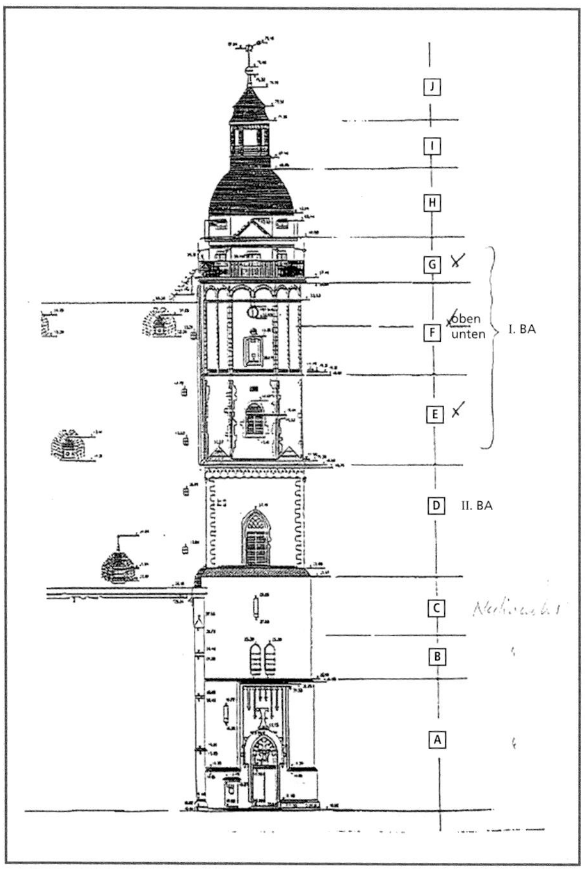

Bild 136: Zeichnung des Turms zur Ostseite mit Markierung der Bereiche D bis G

Wegen des problematischen Putzgrundes mit Mauerwerksrissen wurde partiell die Verwendung eines Putzträgers aus Ziegeldrahtgewebe mit darunterliegendem Trennvlies empfohlen. Auch ein geeignetes Armierungsgittergewebe sollte in Teilbereichen in den Sanierputz eingebettet werden.

Im oberen Turmbereich waren die Versalzungen geringer, hier wurde der Porengrundputz hauptsächlich als Ausgleichsputz eingesetzt. Hauptsächlich um die von der Denkmalpflege gewünschte Putzweise umsetzen zu können, wurde der Sanierputz einlagig in 20 mm Mindestdicke aufgebracht. Im Anschlussbereich zu den Natursteineckquaderungen konnte zum Teil die Mindestdicke des Sanierputzsystems von 20 mm nicht eingehalten werden.

Für die gewünschte Putzweise war ein grobkörniger Sanierputz mit einem Größtkorn von ca. 3,5 mm notwendig. Es zeigte sich jedoch, dass das als Putzbewehrung vorgesehene Armierungsgittergewebe nicht gut in das obere Drittel der

Sanierputzschicht eingebettet werden konnte. Ersatzweise wurde eine Edelstahlputzarmierung vorgeschlagen. Vom Kirchenbauamt wurde allerdings jegliche Putzarmierung abgelehnt, dem schloss sich auch die Denkmalpflege an. Hauptbedenken waren, dass nach eventueller Abwitterung der Oberputzschicht die Armierungen sichtbar werden könnten. Die ausführende Firma meldete wegen der fehlenden Putzarmierung Bedenken an.

Nach Abschluss der Arbeiten wirkte der Putz zunächst rissfrei und intakt. Er wurde vor Beginn des Winters vom Auftraggeber abgenommen.

Etwa ein halbes Jahr später fand eine Begehung des rundum verputzten Turmbereichs statt. Dabei wurden in den Putzflächen Risse bis 0,3 mm Breite festgestellt, besonders im Bereich D (= Höhe erster Glockenboden, siehe Bild 136). Der Sanierputz war in Ordnung und haftete überall fest am Untergrund, jedoch wurde im Turminneren eine erhebliche Rissanzahl festgestellt.

Es wurde geschlussfolgert, dass es sich vorwiegend um bauwerksbedingte Risse, also keine putzbedingten Risse, handelt, die vor dem Auftrag der geplanten Schlussbeschichtung saniert werden müssen. Hätte man die vorgesehene Putzarmierung eingebaut, wäre es erfahrungsgemäß zu einer günstigeren Spannungsverteilung mit geringeren Rissbreiten gekommen.

Oberhalb des Bereiches D wurde das Turmmauerwerk wegen der Mauerwerksrisse versteift. Für die Erhaltung der Funktionsfähigkeit des Putzsystems war es notwendig, eine ausreichend elastische Rissüberdeckung herzustellen. Zur Ausführung der Rissüberdeckung schlug der Gutachter eine intensive Pinseltränkung der Risse vor, mit der eine Eindringtiefe von ca. 5 mm erreicht werden kann.

Statt des ursprünglich geplanten Lasuranstrichs kam infolgedessen ein deckendes System zur Ausführung, wobei angenommen wurde, dass grundsätzlich keine neuen Risse auftreten und daher das Rissbild relativ stabil bleiben würde.

Die Risssanierung wurde wie folgt vorgenommen:

- zweimalige hydrophobierende Grundierung mit einer Silikongrundierung flutend nass-in-nass,
- zusätzliche dreimalige »Pinseltränkung« der sichtbaren Risse mit Silikongrundierung, um eine möglichst tiefe hydrophobe Zone der Rissflanken zu erreichen,
- einmaliges Verschlämmen der Rissbereiche mit Silikonharz-Streichputz,
- zweimalige Beschichtung mit Silikonharz-Füllfarbe.

14.6.2 Visuelle Begutachtung nach 26 Jahren Standzeit

Das Sanierputzsystem ist nach ca. 26 Jahren – trotz außergewöhnlich großer Höhe der Putzflächen bis über 60 m und dementsprechend starker Witterungsbeanspruchung – visuell in einem guten Zustand. Begutachtungen mittels Fernglas bei leider regnerischem Wetter erbrachten die in Bild 137 bis Bild 140 dargestellten Befunde.

Im Bereich E sind die ehemaligen Risse bei genauem Hinsehen durch hellere Oberflächen sichtbar. Grund dafür ist die größere Schichtdicke, die bei der Rissüberbrückung erzielt worden ist. Später aufgetretene Risse waren von unten und mittels Foto-Zoom nicht zu sehen und demzufolge auch keine Rissuferverschmutzungen.

Bild 137: Turm und Ostgiebel 26 Jahre nach der Sanierung.

Bild 138: Turm, Bereich D: keine Risse erkennbar

Bild 139: Turm und Ostgiebel von Nordosten

Bild 140: Im Bereich E des Turms ist das ehemalige Rissbild sichtbar (helle Bereiche)

Fazit:

Das positive Zusammenwirken der Beteiligten, vor allem auch die lückenlose Beratung des Herstellers haben zu einem nachhaltigen Ergebnis geführt. Auch nach 26 Jahren ist die Notwendigkeit einer Überarbeitung nicht erkennbar.

14.7 Putzfassadeninstandsetzung am Rathaus in Oschatz

Das Rathaus im Stil der Neorenaissance und des Neoklassizismus schmückt die Westseite des Neumarktes von Oschatz (Bild 141). Es wurde 1477 erbaut, bereits 60 Jahre später wieder abgerissen und von 1538–46 wesentlich größer nach Plänen des Dresdner Baumeisters Bastian Kramer neu aufgebaut[5].

Der Wiederaufbau nach dem letzten Stadtbrand von 1842 erfolgte nach Plänen von Gottfried Semper in den Jahren 1843–1845 im Neorenaissancestil mit feingegliedertem Giebel und schlankem Uhrenturm. Die Pläne von Semper beziehen sich hauptsächlich auf die Fassade zum Markt hin.

Bild 141: Rathaus Oschatz (Markseite) mit St. Aegidienkirche (2018)

Bild 142: Geschichtstafel auf Putzflächen neben der Eckquaderung aus Sandstein

5 Quelle: Oschatz Freizeitstätten GmbH (Hrsg.): Oschatz Erleben – Rathaus. URL: www.oschatz-erleben.com/oschatz-information/1-neumarkt/7-rathaus [Stand: 04.11.2020]

14.7.1 Vorzustand und Instandsetzungsarbeiten

Die Instandsetzungsarbeiten am Rathaus erfolgten in zwei Bauabschnitten zwischen 1992 und 1994. Der erste Bauabschnitt umfasste die Süd-, Nord- und Westseite. Nach dem Entfernen des alten Putzes zeigte das Bruchstein-/Ziegel-Mischmauerwerk erhebliche Risse (Bild 143) und Feuchtezonen, die zum Teil auf das schadhafte Dach zurückzuführen waren. Bei den Voruntersuchungen wurden in unterschiedlichem Umfang bauschädliche Salze festgestellt, neben Chlorid- und Sulfatverbindungen auch hohe Nitratanteile.

14.7.2 Erster Bauabschnitt: Putzauswahl und Natursteinsanierung

Die breiten Risse wurden vernadelt. Schadhafte Ziegel wurden teilweise ersetzt. Das neu aufgebrachte Putzsystem wurde an Teilflächen mit Trennvlies und Putzträgern vom heterogenen Untergrund mit den Rissen entkoppelt.

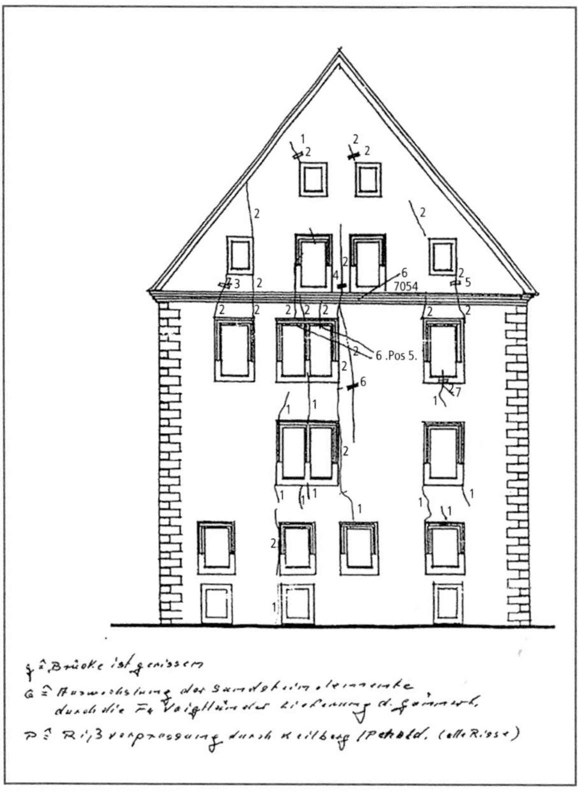

Bild 143: Risskartierung des Westgiebels

Das für den ersten Bauabschnitt zuständige Architekturbüro schlug im Einvernehmen mit dem Auftraggeber vor, aufgrund der teilweisen hohen Salzbelastung für die neu zu verputzenden Flächen komplett ein Sanierputzsystem einzusetzen. Zur Verwendung kamen ein Spritzbewurf mit hoch sulfatbeständigem Bindemittel, als Ausgleichs- und Salzspeicherputz ein Porengrundputz und als Oberputz Sanierputz TS, ein besonderer Sanierputz mit Trassanteilen. Die Putzflächen wurden mit Silikonharzfarbe auf Silikongrundierung beschichtet.

Die Natursteinelemente wie Fenster- und Türgewände wurden mit dem JOS-Verfahren gereinigt, stark geschädigter Stein zurück gearbeitet und anschließend mit farbig abgestimmtem mineralischen Steinrestauriermörtel ergänzt. Teilweise wurden die Sandsteine mit Steinfestiger OH auf Kieselsäureesterbasis behandelt. Eisenoxidhaltige Bereiche wurden mit Orthophosphorsäure vorbehandelt, um spätere Fleckenbildungen zu vermeiden. Nach dem Auskratzen des mürben Fugenmörtels wurde ein spezieller porenhydrophober Fugenmörtel verwendet. Die Natursteinoberflächen wurden abschließend ebenfalls mit Silikonharzfarbe, aber in Lasurtechnik beschichtet.

14.7.3 Zweiter Bauabschitt: Planung der Fassadeninstandsetzung

Noch vor Beendigung des ersten Bauabschnitts begannen die Voruntersuchungen an den Flächen, die für den zweiten Bauabschnitt, die Neorenaissancefassade an der Ostseite zum Markt hin, vorgesehen waren. Die von Gottfried Semper entworfene Fassadenfläche ist von hohem künstlerischen Wert. Bild 144 zeigt den Zustand vor der Instandsetzung.

Bild 144: Marktfassade mit Turm im Jahr 1992 vor der Instandsetzung

Die Anforderungen für die Instandsetzung des äußeren Teils der Marktfassade wurden von der Denkmalpflege formuliert. Man war der Auffassung, dass der Sanierputzeinsatz nicht für die Gesamtfläche erforderlich sei, lediglich im Sockelbereich sollte ein Sanierputzsystem eingesetzt werden. Da jedoch auch im Fassadenbereich bereits visuell partielle Salzausblühungen festzustellen waren, wurden Voruntersuchungen durchgeführt. Dabei wurden am Turm ca. einen Meter unterhalb der Uhr erhebliche Salzbelastungen erfasst, nicht zuletzt auf die frühere Beheizung mit der schwefelhaltigen Braunkohle des mitteldeutschen Kohlereviers zurückzuführen. Deshalb entschloss man sich, auch in weiteren Teilbereichen ein Sanierputzsystem zu applizieren. Von den ca. 800 qm Putzfläche des 2. Bauabschnitts wurde der größere Teil mit einem Kalkputz aus Werktrockenmörtel und ca. 180 qm mit einem Sanierputzsystem verputzt. Den Putzhandwerkern gelang es, mit speziell hergerichteten Reibebrettern die von der Denkmalpflege gewünschte Putzweise umzusetzen.

Die Behandlung der Natursteinflächen erfolgte in gleicher Weise wie beim ersten Bauabschnitt. Die Gesimse wurden teilweise mit Gesimsziehmörtel aus Werktrockenmörtel neu gezogen.

14.7.4 Zustand der Fassaden 28 Jahre nach der Instandsetzung

Die nachfolgenden Bilder zeigen verschiedene Fassadenflächen des Oschatzer Rathauses mit dem Turm, aufgenommen zwischen September 2019 und Juli 2020, ca. 28 Jahren nach der Fassadeninstandsetzung (Bild 145 bis Bild 149).

Die weiß gestrichenen Putzflächen aus Sanierputz an der Süd-, Nord- und Westseite sowie Kalkputz und Sanierputz an der Ostseite (Marktseite) befinden sich heute auch in großer Höhe noch in gutem Zustand.

Bild 145: Westgiebel 28 Jahre nach der Instandsetzung

Bild 146: Turmansicht zur Westseite

Bild 147: Marktfassade, in gutem Zustand

Bild 148: Uhrturm ohne Schäden am Sanierputz

Bild 149: Lediglich am Sockel der Marktfassade im Spritzwasserbereich sind Tausalzschäden vorhanden

Am Westgiebel und an der Westseite des Turms (Bild 146 und Bild 147) ist zu erkennen, dass die Beschichtung aus Silikonharzfarbe im Laufe der Jahre etwas abgebaut hat. Das darf nach fast 30 Jahren Bewitterung so sein, insbesondere an der Wetterseite. Schlecht wäre es gewesen, wenn es Anstrichabplatzungen gegeben hätte, die jedoch bei der aktuellen visuellen Begutachtung vom Gelände aus nicht festzustellen sind. Eine Neubeschichtung kann auf gereinigte Flächen problemlos aufgebracht werden, sobald das für notwendig erachtet wird.

Bild 149 zeigt ein Detail des Spritzwasserbereichs der Marktseite mit dem Eckbereich zum Turm. Über dem gepflasterten Gelände sind feuchte, hygroskopische Flecken auf dem Sockelputz und dem Naturstein der bodengleichen Fenster als Folge von Tausalzeintrag zu erkennen. Auch mit Sanierputzen lassen sich Schäden, die durch jahrelange intensive Verwendung von Tausalzen hervorgerufen werden, auf Dauer nicht vermeiden. Da die Schäden gut einsehbar und lokal begrenzt sind und kein Gerüst erforderlich ist, können sie relativ kostengünstig beseitigt werden.

Fazit:
Für das Rathaus in Oschatz gilt das Gleiche wie für das Objekt Thomaskirche in Leipzig. Die sehr gute Zusammenarbeit der an der Instandsetzung Beteiligten und die kompetente Beratung des Herstellers der verwendeten Produkte führten zu dem gewünschten nachhaltigen Erfolg. Durch den Sanierputzeinsatz konnte ein Beitrag dazu geleistet werden, die historische Bausubstanz zu schützen und die Fassade des Rathauses, das das Innenstadtbild in besonderem Maße prägt, zu erhalten, insbesondere den von Semper gestalteten Neorenaissance-Giebel.

15 Hinweise für die Ausschreibung von Sanierputzleistungen

15.1 Voraussetzungen, Regelwerke, Richtlinien

Hinweise für das Aufstellen von Leistungsbeschreibungen enthalten die folgenden Normen aus VOB Teil C, Allgemeine technische Vertragsbedingungen für Bauleistungen (ATV):

DIN 18299, Ausgabe 09/2019 – Allgemeine Regelungen für Bauarbeiten jeder Art
DIN 18350, Ausgabe 09/2019 – Putz- und Stuckarbeiten
DIN 18363, Ausgabe 09/2019 – Maler- und Lackiererarbeiten

StLB Standardleistungsbuch für das Bauwesen, Leistungsbereich 023 Putz- und Stuckarbeiten, Wärmedämmsysteme-Ausschreibungstexte

Die Anforderungen in den genannten Putznormen gelten hauptsächlich für den Neubaubereich. Der Stand der Technik für Sanierputzsysteme, ihr Putzaufbau und die Verarbeitung wird im WTA-Merkblatt 2-9 [49] beschrieben, das inzwischen in Bekanntheit und Akzeptanz einen normenähnlichen Charakter hat. Leistungsverzeichnisse und –beschreibungen, bei denen Sanierputzsysteme enthalten sind, sollten unbedingt auf der Grundlage dieses Merkblatts erstellt werden.

Bei der Ausschreibung von Sanierputzsystemen nach dem WTA-Merkblatt muss der Hersteller nachweisen, dass seine Produkte die darin formulierten Anforderungen einschließlich Eigen- und Fremdüberwachung erfüllen. Sind die Komponenten eines Sanierputzsystems mit dem WTA-Logo gekennzeichnet, besitzt der Hersteller ein von einem neutralen Expertenausschuss der WTA erteiltes Zertifikat, das die Einhaltung aller Anforderungen des Merkblattes bescheinigt (siehe auch Kapitel 3.5). Planer, Ausschreibende und Ausführende benötigen in diesem Fall keine weiteren Nachweise vom Hersteller des Sanierputzsystems.

15.2 Leistungsbeschreibung allgemein

In den meisten Fällen wird die Leistungsbeschreibung erstellt, nachdem die notwendigen Voruntersuchungen und Auswertungen durchgeführt wurden (siehe Kapitel 4.1). Nur wenn Klarheit über Feuchtigkeitsursachen, Salzbelastung, Tragfähigkeit des Putzgrundes usw. besteht, kann das Leistungsverzeichnis entsprechend den Randbedingungen vor Ort und den Ergebnissen der Voruntersuchungen richtig und vollständig erstellt werden.

In den Vorbemerkungen zur Leistungsbeschreibung sollten folgende Hinweise enthalten sein:

- Anfallender, salzhaltiger Bauschutt muss täglich entsorgt werden, da nicht ausgeschlossen werden kann, dass die schädlichen Salze gelöst und von der Bausubstanz erneut aufgenommen werden (siehe dazu auch Kapitel 14.4 Instandsetzungsbeispiel Innenraum Kirche Röhrenbach).
- Zur Befestigung von Elektroleitungen, Elektrodosen, Eckschutzschienen usw. darf kein gipshaltiges Material verwendet werden.
- Während der Ausführung dürfen Untergrund- und Umgebungstemperatur + 5 °C nicht unterschreiten. Diese Anforderung gilt solange, bis der aufgetragene Putz einschließlich des Anstrichs nicht mehr frostempfindlich ist.
- Der Auftragnehmer muss den Untergrund und die baulichen Voraussetzungen prüfen. Bestehen Bedenken gegen die in der Leistungsbeschreibung aufgeführten Arbeitsschritte, muss dies unverzüglich schriftlich mitgeteilt werden.
- In der Leistungsbeschreibung müssen Angaben zu dem vorhandenen Putzgrund enthalten sein. Dazu gehört auch, dass das Mauerwerk als Putzuntergrund beschrieben wird. Neben der Art und dem Zustand von Mauersteinen und Mauer-/Fugenmörtel (Feuchte, Tragfähigkeit, Saugfähigkeit, Salzbelastung etc.) spielen auch Fehlstellen, ungleichmäßige Dicken oder Dickenschwankungen eine Rolle, die ggf. ausgeworfen bzw. ausgeglichen werden müssen. Nur mit derartigen Angaben kann der Anbieter den Aufwand für die Putzgrundvorbereitung abschätzen.

15.3 Hinweis zu flankierenden Maßnahmen

Notwendige flankierende Maßnahmen zum Ein- bzw. Aufbringen von horizontalen und vertikalen Sperrschichten werden hier nur insoweit beschrieben, wenn sie unmittelbar an das Sanierputzsystem grenzen wie z. B. der Übergang Boden/Wand (Hohlkehle mit Sperrputz). Dies gilt auch für besondere Behandlungen von baudynamischen Rissen, z. B. Vernadelungen oder Rissverpressungen. Werden nachträglich horizontale Sperrschichten eingebracht, dürfen unterhalb dieser Sperrschicht keine Sanierputze aufgebracht werden. Es sind geeignete Sperrputze, Dichtungsschlämmen, bituminöse Dickbeschichtungen usw. zu verwenden (siehe Kapitel 4.2).

15.4 Hinweise zum Entfernen des Putzes

Zur Untergrundvorbehandlung vor dem Aufbringen eines Sanierputzsystems gehört das vollständige Entfernen vorhandener Putze. Die Angabe der Altputzdicke ist wichtig, damit der Anbieter den Aufwand realistisch kalkulieren kann. Die Höhe des Entfernens sollte mindestens 80 cm über der sichtbaren oder messtechnisch erfassten Feuchtigkeits– und Ausblühungszone liegen. Die genauen Höhenangaben sollten mit der Bauleitung vor Ort festgelegt werden.

Werden die Bestandsputze nicht vollständig entfernt, kann dies zu Spannungsrissbildungen im neu aufgebrachten Sanierputzsystem führen und die Funktion des Sanierputzsystems ist nicht oder nicht in vollem Umfang gegeben. Das Gleiche gilt, wenn mürber Fugenmörtel aus breiteren Fugen nicht entfernt wird.

Unregelmäßig saugende Untergründe

Besonders anspruchsvoll sind Untergründe aus Mischmauerwerk, z. B. aus wenig saugenden Natursteinen und saugenden Vollziegeln mit teilweise mürbem Fugenmörtel und fest haftendem, zementhaltigen Altputz. Vor dem Aufbringen des Sanierputzsystems muss der Altputz vorsichtig entfernt werden, ohne die Mauersteinoberflächen zu zerstören. Danach ist loser Fugenmörtel auszuräumen. Tiefe Fugen sind vor dem Auftragen eines netzförmigen Spritzbewurfs mit einem geeigneten Fugenmörtel, bei starken Salzbelastungen mit einem Porengrundputz auszuwerfen.

15.5 Leistungsbeschreibung in Positionen

Zur Unterstützung bei der Leistungsbeschreibung durch die Planer stehen im Internet verschiedene, oftmals kostenlose Plattformen zur Verfügung. Dabei ist zu beachten, dass dort nur Einzelpositionen einiger Hersteller angezeigt werden, die bei dem jeweiligen Anbieter der Plattform in der Regel kostenpflichtig gelistet wurden. Diese Einzelpositionen können nur mit dem entsprechenden Fachwissen unter Berücksichtigung der Ergebnisse der Voruntersuchungen zu einer Leistungsbeschreibung zusammengeführt werden. Dabei sollten nur Produkte eines Sanierputz-Herstellers aus dem jeweiligen Sanierputzsystem verwendet werden.

Aus Sicht der Verfasser ist es zielführender, wenn sich die Planer im Bedarfsfall Unterstützung bei dem technischen Support der Hersteller holen. Die Hersteller, einige mit langjährigen Erfahrungen in diesem Spezialbereich der Bausanierung, halten dafür Ausschreibungstextvorschläge bereit, die den Planern entweder über Zugangsdaten oder den Kontakt zu Fachberatern vor Ort zur Verfügung gestellt werden. Dadurch ist es besser möglich, die notwendigen Einzelprodukte des Sanierputzsystems und ggf. systemverträgliche Produkte für die Untergrundvorbereitung oder flankierende Maßnahmen zielsicher zusammenzustellen.

Wurden z. B. im Rahmen der Voruntersuchungen die Leistungen eines Fachberaters und/oder des Labors eines Sanierputzherstellers genutzt, dann sind dem Hersteller die Objektrandbedingungen bekannt und der Planer kann gezielt mit Ausschreibungstextvorschlägen unterstützt werden.

Auch wenn von anderer Seite, z. B. durch ein Bautenschutz-Fachplanungsbüro, die erforderlichen Voruntersuchungen durchgeführt und dokumentiert worden sind oder auch die gesamte Instandsetzungsplanung vorliegt, empfiehlt sich die Zusammenarbeit mit dem Hersteller.

Für die spätere digitale Angebotspreiseinholung der Ausführenden vom jeweiligen Sanierputz-Hersteller stehen verschiedene Datenaustausch-Formate zur Verfügung z. B. über GAEB (90/ 2000/ XML).

Im Folgenden werden Vorschläge für mögliche Einzelpositionen unterbreitet. Die Zusammenstellung der für die Objekt- und Klimarandbedingungen notwendigen Positionen zu einer objektbezogenen Leistungsbeschreibung erfolgt durch den in der Bausanierung erfahrenen Planer. Zur Beschreibung der Putzmörtel werden die Abkürzungen aus DIN EN 998-1 verwendet.

Putzmörtelbezeichnungen (DIN EN 998-1)

Zur Kennzeichnung von Putzmörteln aus Werktrockenmörteln werden in den Leistungsbeschreibungen die folgenden Abkürzungen entsprechend DIN EN 998 verwendet:

GP: Normalputzmörtel
LW: Leichtputzmörtel
CR: Edelputzmörtel
OC: Einlagenputzmörtel für außen
R: Sanierputzmörtel
T: Wärmedämmputzmörtel

Klassifizierung von Festmörteln:

Druckfestigkeit nach 28 Tagen
CS I 0,4 bis 2,5 N/mm²
CS II 1,5 bis 5,0 N/mm²
CS III 3,5 bis 7,5 N/mm²
CS IV > 6 N/mm²

kapillare Wasseraufnahme
W 0 nicht festgelegt
W 1 c < 0,40 kg/(m²min^{0,5})
W 2 c < 0,20 kg/(m²min^{0,5})

Titel		
01.01	**Vorarbeiten**	
Bereich		
01.01.01	**Voruntersuchungen**	
01	Kartieren von Schäden	
	Begehung aller Fassadenflächen gemeinsam mit der Bauleitung	
	Protokollierung der einzelnen Schäden am Putzuntergrund z. B. in Form von Absandungen, Rissen, Abplatzungen, Hohlstellen durch Abklopfen, schadhaften Stürzen, Ausbruchstellen, schadhaften Mauersteinen, schadhaften oder falsch sanierten Putzbereichen	
	Umsetzung der Befunde in eine Kartierung, z. B. eine farbige zeichnerische oder eine fotogrammetrische Darstellung als Grundlage für die Ausführung und Abrechnung	
	pauschal	EP € GP €
02	Höhen-/Tiefenprofile zur Bestimmung des Feuchtegehaltes und der Salzbelastung (qualitativ und quantitativ)	
	Erstellung eines Höhen-/Tiefenprofils durch Bohrmehlentnahme, z. B. in drei Höhen und drei Tiefen	
	Am Probenmaterial ist der Feuchtegehalt (Darrmethode) und der Gehalt an bauschädlichen Salzen zu bestimmen.	
	qualitative und quantitative Salzanalyse: Anionen (SO_4^{--}, Cl^-, NO_3^-), Kationen (Ca^{++}, Mg^{++}, K^+, Na^+), ggf. auch pH-Wert, Leitfähigkeit und Röntgendiffraktometrie	
	In einem Bericht sind die Klimadaten während der Entnahme und die Probenentnahmestellen zu dokumentieren, die Ergebnisse zu protokollieren und zu bewerten.	
	Höhenangaben: z. B. 0,15 m/1,15 m/2,15 m	
	Tiefenabschnitte: z. B. 0–2 cm/2–5 cm/15–20 cm	
	____________ Stk	EP € GP €
03	Salzanalysen – halbquantitativ	
	Mauerwerksprobe entnehmen, Salzgehalt und Salzart (Chloride, Sulfate, Nitrate usw.) laboranalytisch halbquantitativ ermitteln und protokollieren	
	____________ Stk	EP € GP €

04	Salzanalysen – quantitativ		
	Mauerwerksprobe entnehmen, Salzgehalt und Salzart (Chloride, Sulfate, Nitrate usw.) laboranalytisch quantitativ ermitteln und protokollieren		
	____________ Stk	EP €	GP €
05	Bestimmung des Feuchtegehaltes		
	Mauerwerksprobe entnehmen, Feuchtegehalt über die Darrmethode in Masse-% im Labor ermitteln und protokollieren		
	____________ Stk	EP €	GP €
06	Bestimmung der maximalen Wasseraufnahme		
	Mauerwerksprobe entnehmen, Proben trocknen und maximale Wasseraufnahme in Masse-% im Labor ermitteln und protokollieren		
	____________ Stk	EP €	GP €
07	Bestimmung der hygroskopischen Feuchteaufnahme		
	Mauerwerksprobe entnehmen, Proben trocknen und hygroskopische Feuchtigkeitsaufnahme in Masse-% im Labor ermitteln und protokollieren		
	____________ Stk	EP €	GP €
08	Probeflächen		
	Anlegen einer Probefläche zur Ermittlung einer oder mehrerer Beurteilungskriterien wie:		
	Schichtdicken und Materialverbrauch, Verfahrensweise, Zeitaufwand, optischer und technischer Zustand der fertigen Oberfläche etc.		
	____________ m^2	EP €	GP €
01.01.01	**Voruntersuchungen**		GP €

Titel		
01.01	**Vorarbeiten**	
Bereich		
01.01.02	**Untergrundprüfung**	
01	Prüfen der Haftzugfestigkeit	
	Festigkeit des bestehenden Untergrundes an verschiedenen Stellen der Fassade mittels Haftzugfestigkeitsmessungen überprüfen	
	Haftzugfestigkeitsmessung nach DIN 18555 Teil 6; Erstellen eines Ergebnis-Protokolls	
	Probenanzahl: Stück (mind. 3 Stück je Fassadenseite)	
	pauschal	EP € GP €
02	Prüfen der Haftfestigkeit von Beschichtungen	
	Abschätzung des Widerstands einer Beschichtung gegen Trennung vom Untergrund; Haftverbund bestehender Beschichtungen mittels Gitterschnittprüfung in Anlehnung an DIN EN ISO 2409 an verschiedenen Stellen der Fassade prüfen, dokumentieren und bewerten gemäß Tabelle 1 in DIN EN ISO 2409 Beschichtungsstoffe – Gitterschnittprüfung [35]	
	Probenanzahl:	
	pauschal	EP € GP €
03	Prüfen des Untergrunds für Befestigungselemente	
	Prüfung der Tragfähigkeit für vorgesehene Befestigungselemente des Schienensystems	
	Gewählte Elemente an verschiedenen Stellen der Fassade einsetzen und Auszugsfestigkeit überprüfen. Die Prüfungen erfolgen vorzugsweise im Beisein eines Vertreters des Herstellers/Lieferanten der Befestigungselemente und sind zu protokollieren.	
	Probenanzahl: Stück (je nach Flächengröße)	
	pauschal	EP € GP €

04	Prüfen auf Hohlstellen, Mikroorganismen und Risse		
	Untergrund auf schadhafte Stellen, wie Hohlstellen, mürbe Putzflächen, Mikroorganismen, Risse prüfen und kennzeichnen. Baudynamische Risse besonders kennzeichnen. Rissursache, ggf. durch Freilegen einzelner Bereiche, ermitteln.		
	pauschal	EP €	GP €
05	Prüfen der Festigkeit (Penetrationsprobe)		
	Festigkeit des bestehenden Untergrundes im trockenen und nassen Zustand an verschiedenen Stellen der Fläche überprüfen (Ritzen mit hartem Gegenstand, Penetrationsprobe)		
	pauschal	EP €	GP €
06	Prüfen von Mauerwerksflächen		
	Die Mauerwerksflächen sind gemeinsam mit der Bauleitung vor Ort zu überprüfen, um die notwendigen Ausbesserungen (Mauersteine, Fugen) festzulegen.		
	____________ m^2	EP €	GP €

01.01.02 Untergrundprüfung

Titel	
01.01	**Vorarbeiten**
Bereich	
01.01.03	**Untergrundvorbereitung, Vorbereitung angrenzende abdichtende Maßnahmen**
01	Putz vollständig entfernen
	vorhandenen schadhaften Putz entfernen, mürben und losen Fugenmörtel mind. 2 cm tief auskratzen, Untergrund gründlich säubern und Staub entfernen
	Anfallende Stoffe werden in der Regel Eigentum des Auftragnehmers und sind gemäß örtlicher Bestimmungen zu entsorgen.
	Putzdicke:
	Festigkeit nach DIN EN 998-1 nach Erfahrung abschätzen (Penetrationsprobe)
	____________ m² EP € GP €
02	Reinigung des Untergrunds
	freigelegten Untergrund mit (Stahl-)Besen gründlich von Staub und losen Teilen säubern
	____________ m² EP € GP €
03	Bedarfsposition: Reinigung des Untergrunds durch Druckstrahlen
	Den freigelegten Untergrund für das Aufbringen des Sanierputzsystems durch schonendes Druckstrahlen vorbereiten, dabei die geltenden Vorschriften beachten. Erforderliche Schutzmaßnahmen sind einzukalkulieren sowie Strahlgut und gelöste Bestandteile zu entfernen. Bei Innenräumen, Kellern etc. ist ggf. eine Staubabsaugung vorzusehen.
	Verfahren:
	■ Druckluftstrahlen mit festen Strahlmittel(n), trocken ■ Druckluftstrahlen mit festen Strahlmittel(n), halbfeucht (z. B. Schlämmstrahlen) ■ Druckluftstrahlen ohne Strahlmittel
	____________ m² EP € GP €

04	Bedarfsposition: Salzminderungsmaßnahmen
	Durchführung von Salzminderungsmaßnahmen nach WTA-Merkblatt 3-13-19/D *[54] Zerstörungsfreies Entsalzen von Naturstein und anderen porösen Baustoffen mittels Kompressen* [54]
	Die gereinigten Oberflächen sind je nach Saugverhalten mit destilliertem Wasser ausreichend vorzunässen, bei stark saugfähigen Materialien sollte ein erstes Vornässen bereits einen Tag vor dem Aufbringen des Kompressenmaterials erfolgen. Das Kompressenmaterial wird mit destilliertem Wasser in einer plastischen Konsistenz angemacht und ca. 2 cm dick auf den mattfeuchten Untergrund aufgetragen. Der Auftrag sollte ca. 30 cm über den Rand der sichtbar salzbelasteten Flächen hinausgehen. Der Abtrocknungsvorgang sollte mindestens eine Woche betragen.
	Das Kompressenmaterial ist vor einer zu schnellen Abtrockung, z. B. durch Wind oder Sonneneinstrahlung, zu schützen. Eine Wiederbefeuchtung, z. B. durch Regen oder Kondensatbildung, ist zu vermeiden.
	Frühzeitig hohlliegende Kompressen sind abzunehmen und zu ergänzen. Nach dem vollständigen Abtrocknen ist das Kompressenmaterial vorsichtig zu entfernen und die Oberflächen sind trocken zu reinigen. Die Wirkung der Salzminderungsmaßnahmen ist durch Vor- und Nachuntersuchungen des Gehaltes an bauschädlichen Salzen im Bestandsmaterial und durch Salzanalyse des Kompressenmaterials (Probenfläche ca. 10 × 10 cm²) zu dokumentieren.
	Produkt oder Rezeptur (bei auf der Baustelle gemischten Kompressen):
	Hersteller:
	Verbrauch:
	____________ m² EP € GP €
05	Fehlstellen im Mauerwerk
	Fehlstellen im Mauerwerk und große Vertiefungen mit geeignetem Steinmaterial auszwickeln oder ausmauern bzw. mit Grundputz-WTA egalisieren
	____________ m² EP € GP €
	Nicht tragfähiger Untergrund

06	Putzträger		
	Ziegeldrahtgewebe aus nicht rostendem Stahldraht mit mindestens _________ Dübeln, Länge _________ cm, auf dem Untergrund befestigen, Stöße mindestens 10 cm überlappen		
	Leistungsbereich:		
	Produkt:		
	Hersteller:		
	____________ m^2	EP €	GP €
	Alternativ		
	Geschweißtes, feuerschlussverzinktes Drahtnetz mit geeigneten Befestigungselementen am Untergrund nach Herstellervorschrift anbringen; Überlappungen an allen Seiten mindestens 10 cm		
	Leistungsbereich:		
	Produkt:		
	Hersteller:		
	____________ m^2	EP €	GP €
	Tragfähiger Untergrund		
07	Spritzbewurf – netzförmig		
	Auf den ausreichend vorbereiteten, tragfähigen Untergrund wird ein Spritzbewurf aus Werktrockenmörtel netzförmig als Haftbrücke zur nächsten Putzlage aufgebracht.		
	Produkt:		
	Hersteller:		
	Verbrauch:		
	____________ m^2	EP €	GP €
08	Spritzbewurf – volldeckend		
	Auf den ausreichend vorbereiteten, tragfähigen Untergrund wird ein Spritzbewurf aus Werktrockenmörtel volldeckend als Haftbrücke zur nächsten Putzlage in dünner Schicht aufgebracht. Der verwendete Werktrockenmörtel ist Bestandteil des zur Anwendung gelangenden Sanierputzsystems. Soweit die Witterungsbedingungen dies erfordern, ist der frisch aufgebrachte Mörtel während der Erhärtungsphase entsprechend nachzubehandeln, um zu schnellen Wasserentzug zu verhindern.		

	Produkt:
	Hersteller:
	Verbrauch:
	____________ m² EP € GP €
09	Bedarfsposition: Spritzbewurf sulfatwiderstandsfähig – netzförmig
	Auf den ausreichend vorbereiteten, tragfähigen Untergrund wird ein sulfatwiderstandsfähiger Spritzbewurf aus Werktrockenmörtel netzförmig als Haftbrücke zur nächsten Putzlage aufgebracht.
	Produkt:
	Hersteller:
	Verbrauch:
	____________ m² EP € GP €
10	Bedarfsposition: Spritzbewurf sulfatwiderstandsfähig – volldeckend
	Auf den ausreichend vorbereiteten, tragfähigen Untergrund wird ein sulfatwiderstandsfähiger Spritzbewurf aus Werktrockenmörtel volldeckend als Haftbrücke zur nächsten Putzlage in dünner Schicht aufgebracht. Der verwendete Werktrockenmörtel ist Bestandteil des zur Anwendung gelangenden Sanierputzsystems. Soweit die Witterungsbedingungen dies erfordern, ist der frisch aufgebrachte Mörtel während der Erhärtungsphase entsprechend nachzubehandeln, um zu schnellen Wasserentzug zu verhindern.
	Produkt:
	Hersteller:
	Verbrauch:
	____________ m² EP € GP €
11	Hohlkehle herstellen – Sperrputz
	Auf den vorbereiteten Untergrund wird im Bereich des Übergangs Wand/Boden eine Hohlkehle mit einem (bei Bedarf: sulfatwiderstandsfähigen), hoch wasserabweisenden, (bei Bedarf: schnell erhärtenden) und gut haftenden Werktrockenmörtel angearbeitet (Kehlenradius ca. 3–5 cm).
	Sperrputz aus Werktrockenmörtel (WTM) GP, CS IV, W2 nach DIN EN 998-1
	Putzdicke: bis 20 mm je Lage

	Produkt:			
	Hersteller:			
	Verbrauch:			
	____________ m^2	EP €	GP €	
01.01.03	**Untergrundvorbereitung**		GP €	

Titel	
01.01	**Vorarbeiten**
Bereich	
01.01.04	**Verputzarbeiten Sanierputzsystem: Grundputz**
01	Bedarfsposition: Egalisieren mit Porengrundputz
	Egalisieren von Vertiefungen und Unebenheiten des Untergrundes mit einem Porengrundputz-WTA
	Oberfläche während des Ansteifens aufrauen
	Putzdicke im Mittel:
	Produkt:
	Hersteller:
	Verbrauch:
	____________ m² EP € GP €
02	Bedarfsposition: Egalisieren mit Porengrundputz, sulfatwiderstandsfähig
	Egalisieren von Vertiefungen und Unebenheiten des Untergrundes mit einem sulfatwiderstandsfähigen Porengrundputz-WTA
	Oberfläche während des Ansteifens aufrauen
	Porengrundputz aus Werktrockenmörtel (WTM) nach DIN EN 998-1 CS II, W0
	Putzdicke im Mittel:
	Produkt:
	Hersteller:
	Verbrauch:
	____________ m² EP € GP €
03	Porengrundputz
	Auf den vorbereiteten Untergrund wird Porengrundputz-WTA vollflächig aufgetragen. Die Oberfläche ist während des Ansteifens aufzurauen. Soweit die Witterungs- bzw. Innenraumbedingungen dies erfordern, muss der frisch aufgebrachte Mörtel während der Erhärtungsphase entsprechend nachbehandelt werden, um zu schnellen Wasserentzug zu verhindern.

	Mindestputzdicke:		
	Produkt:		
	Hersteller:		
	_____________ m²	EP €	GP €
	Porengrundputz-WTA muss die Anforderungen an Grundputz-WTA erfüllen. Zusätzlich gilt: Porenvolumen >45 Vol.-%		
	Da der Spritzbewurf zur Putzgrundvorbehandlung gehört, wird der Porengrundputz-WTA normalerweise auf den Spritzbewurf aufgebracht. Erfordert das vorhandene Mauerwerk, z. B. ein kleinformatiges Vollziegelmauerwerk, nicht unbedingt einen Spritzbewurf, kann Porengrundputz-WTA auch direkt auf das gereinigte Mauerwerk aufgebracht werden.		
04	Bedarfsposition: Nachbehandlung		
	Der frisch aufgebrachte Mörtel ist während der Erhärtungsphase durch geeignete Nachbehandlungsverfahren vor zu schnellem Wasserentzug zu schützen.		
	_____________ m²	EP €	GP €
05	Bedarfsposition: Porengrundputz – Mehrdicke		
	Mehrputzdicke von Porengrundputz-WTA infolge von Vertiefungen und Unebenheiten im Untergrund, wenn kein Egalisieren mit Porengrundputz erfolgte		
	Mehrdicke: z. B. 10 mm		
	_____________ m²	EP €	GP €
01.01.04	**Verputzarbeiten Sanierputzsystem: Grundputz**		GP €

Titel	
01.01	**Vorarbeiten**
Bereich	
01.01.05	**Verputzarbeiten Sanierputzsystem: Sanierputz**
01	Sanierputz – einlagig
	Auf den ausreichend erhärteten Porengrundputz-WTA wird ein Sanierputz-WTA einlagig aufgebracht. Soweit die Witterungs- bzw. Innenraumbedingungen dies erfordern, muss der frisch aufgebrachte Mörtel während der Erhärtungsphase entsprechend nachbehandelt werden, um zu schnellen Wasserentzug zu verhindern.
	Sanierputz aus WTM nach DIN EN 998-1 R, CS II, W 2
	Mindestputzdicke: z. B. 15 mm
	Oberfläche: z. B. Abziehen, Aufrauen, Filzen, Wascheln
	Produkt:
	Hersteller:
	____________ m^2 EP € GP €
02	Bedarfsposition: Laibungsbereiche
	Zulage für das Aufbringen des Sanierputzes auf Laibungen von Öffnungen über 2,5 m^2
	____________ m^2 EP € GP €
03	Sanierputz – farbig
	Auf den vorbereiteten, tragfähigen Untergrund wird ein eingefärbter Sanierputz WTA aus Werktrockenmörtel aufgebracht und die Oberfläche nach den Vorgaben gestaltet.
	Sanierputz aus Werktrockenmörtel (WTM) nach DIN EN 998-1 R, CS II, W 2
	Körnung:
	Putzdicke:
	Produkt:
	Hersteller:
	Verbrauch:
	Farbton:
	____________ m^2 EP € GP €

04	Sanierputz – zweilagig
	Anstelle eines Porengrundputzes-WTA kann auch der Sanierputz-WTA zweilagig aufgebracht werden. In diesem Fall dient die erste Sanierputzlage als Pufferschicht. Gemäß WTA-Merkblatt darf der zweilagig aufgebrachte Sanierputz eine Dicke von 40 mm nicht überschreiten.
	Auf den vorbereiteten, tragfähigen Untergrund wird ein Sanierputzsystem-WTA aus Werktrockenmörtel zweilagig aufgebracht und die Oberfläche nach den Vorgaben gestaltet.
	Sanierputz aus Werktrockenmörtel (WTM) nach DIN EN 998-1 R, CS II, W 2
	Körnung:
	Putzdicke:
	Produkt:
	Hersteller:
	Verbrauch:
	Farbton:
	____________ m² EP € GP €
05	Bedarfsposition: Armierungsgittergewebe
	Einbetten eines alkalibeständigen und UV-beständigen Glasfasergittergewebes in das obere Drittel der Sanierputzschicht. Stöße mindestens 10 cm überlappend und um alle Ecken und Kanten herumführen.
	Produkt:
	Hersteller:
	____________ m² EP € GP €
06	Bedarfsposition: Aufstellen von Raumlufttrocknern
	Extrem hohe Luftfeuchtigkeit in Räumen durch das Aufstellen von Raumlufttrocknern soweit senken, dass ausreichende Trocknungsbedingungen für das frisch aufgebrachte Sanierputzsystem geschaffen werden.
	Leistungsbereich:
	Leistungsdauer:

Als Leistungsbereich sind die betreffenden Räume anzugeben. Als Leistungsdauer ist die Zeit anzugeben, die erforderlich ist, bis sich die notwendige Hydrophobie des Sanierputzsystems einstellt, z. B. 3 Tage.

01.01.05	Verputzarbeiten Sanierputzsystem: Sanierputz	GP	€

Titel	
01.01	**Vorarbeiten**
Bereich	
01.01.06	**Oberputze** **Oberputze Innenbereich**
01	Glättputz – dünnschichtig – innen
	Zur Erzielung einer feineren Oberflächenstruktur wird ein dünnschichtiger mineralischer Glättputz nach Herstellervorschrift aufgetragen. Der Glättputz muss die Anforderungen an Deckschichten innen gemäß WTA-Merkblatt 2-9-20 erfüllen und ist Bestandteil des verwendeten Sanierputzsystems.
	Körnung:
	Putzdicke: mindestens 5 mm
	Oberfläche: fein gefilzt
	Produkt:
	Hersteller:
	Verbrauch:
	Farbton:
	____________ m² EP € GP €
02	Innenputz auf Kalkbasis aus Werktrockenmörtel aufbringen
	Kalkputz aus WTM nach DIN EN 998-1 CS I, W0
	Körnung:
	Putzdicke: 5 mm
	Oberfläche: abziehen und filzen
	Produkt:
	Hersteller:
	Verbrauch:
	Farbton: weiß
	____________ m² EP € GP €

	Oberputze Außenbereich
03	Glättputz – dünnschichtig – außen: Sanierputzglätte
	Zur Erzielung einer feineren Oberflächenstruktur wird ein dünnschichtiger mineralischer Glättputz nach Herstellervorschrift aufgetragen. Dieser muss die Anforderungen an Deckschichten außen gemäß WTA-Merkblatt 2-9-20 erfüllen und ist Bestandteil des verwendeten Sanierputzsystems.
	Sanierputzglätte aus WTM nach DIN 998-1 CR, CS II, W2 nach DIN EN 998-1
	Körnung: z. B. 0–0,6 mm
	Putzdicke:
	Produkt:
	Hersteller:
	Verbrauch:
	Farbton:
	_____________ m² EP € GP €
04	Bedarfsposition: Sanierputzglätte – Profilierung
	Auf den zuvor erstellten Grobzug (aus Sanierputz WTA) einen Feinzug aus Werktrockenmörtel aufbringen und profilieren.
	Sanierputzglätte aus WTM nach DIN 998-1 CR, CS II, W2 nach DIN EN 998-1
	Körnung: z. B. 0 bis 0,6 mm
	Putzdicke:
	Produkt:
	Hersteller:
	Verbrauch:
	Farbton:
	_____________ m² EP € GP €
05	Oberputz – Laibung
	Zulage für das Aufbringen des Oberputzes im Bereich der Laibungen
	Laibungstiefe:
	_____________ m² EP € GP €

06	Strukturputz
	Mineralischen wasserabweisenden Strukturputz aus Werktrockenmörtel als Oberputz aufbringen. Der verwendete Putz muss die Anforderungen an Deckschichten gemäß WTA-Merkblatt 2-9-20 erfüllen.
	Edelputz aus WTM nach DIN EN 998-1 CR, CS II, W2
	Putzweise: z. B. Reibeputz
	Körnung:
	Putzdicke:
	Produkt:
	Hersteller:
	Verbrauch:
	Farbton:
	_____________ m² EP € GP €
	Zur Erzielung eines gleichmäßigen Farbbildes ist bei farbigen Strukturputzen ein Egalisationsanstrich (in einem Arbeitsgang) aufzubringen.
07	Oberputz – dickschichtig: z. B. Kratzputz
	Auf den ausreichend erhärteten, gut aufgerauten Sanierputz wird ein mineralischer wasserabweisender Oberputz aus Werktrockenmörtel aufgebracht.
	Edelputz aus WTM nach DIN EN 998-1 CR, CS I, W2
	Putzweise: z. B. Kratzputz
	Körnung:
	Putzdicke: z. B. 10 mm nach dem Kratzen
	Produkt:
	Hersteller:
	Verbrauch:
	Farbton:
	_____________ m² EP € GP €
01.01.06	**Oberputze** GP €

Titel	
01.01	**Vorarbeiten**
Bereich	
01.01.07	**Beschichtungsarbeiten – Fassadenflächen**
01	Silikonharzfarbe
	Auf den trockenen Putz wird ein wasserabweisendes Beschichtungssystem nach Herstellervorschrift auf Silikonharzbasis nach DIN EN 1062-1, Silikonharzfarbe, nach DIN 18363 Abschnitt 2.4.1 aufgebracht, das die Anforderungen an Deckschichten gemäß WTA-Merkblatt 2-9-20 erfüllt: $s_d < 0{,}2$ m, $w < 0{,}15$ kg/($m^2h^{0,5}$). Die Werte gelten für jede einzelne Schicht.
	Arbeitsschritte: Grundierung, Grundanstrich (außer Egalisationsanstrich), Schlussanstrich
02	Egalisationsanstrich auf Silikonharzbasis
	Auf den trockenen und ausreichend erhärteten Untergrund wird eine einmalige, egalisierende Beschichtung mit einer Silikonharzfarbe (im Farbton des Untergrundes) aufgebracht.
	Silikonharzfarbe nach DIN EN 1062-1 bzw. DIN 18363, gemäß WTA-Merkblatt 2-9-20 ($s_d < 0{,}2$ m, $w < 0{,}15$ kg/($m^2h^{0,5}$)
	Produkt:
	Hersteller:
	Verbrauch:
	Farbton:
	____________ m^2 EP € GP €
03	Silikonharzfarbe – zweifach
	Auf den vorbereiteten und trockenen Untergrund wird Silikonharzfarbe zweimal aufgetragen (Grund- und Schlussbeschichtung).
	Silikonharzfarbe nach DIN EN 1062-1 bzw. DIN 18363, gemäß WTA-Merkblatt 2-9-20 ($s_d < 0{,}2$ m, $w < 0{,}15$ kg/($m^2h^{0,5}$)
	Trockenzeit mind. 12 Stunden bis zum nächsten Arbeitsgang
	Produkt:
	Hersteller:

	Verbrauch:
	Farbton:
	_____________ m² EP € GP €
04	Silikonharzfarbe – Lasur
	Auf den vorbereiteten und trockenen Untergrund wird ein wasserdampfdiffusionsoffenes und wasserabweisendes Lasursystem auf Silikonharzbasis aufgetragen.
	Die deckende und die transparente Komponente sind im vorgegebenen Verhältnis zu mischen und in mindestens zwei Arbeitsgängen aufzutragen.
	Silikonharzfarbe nach DIN EN 1062-1 bzw. DIN 18363, gemäß WTA-Merkblatt 2-9-20: $s_d < 0{,}2$ m, $w < 0{,}15$ kg/($m^2h^{0,5}$)
	Produkt deckend:
	Produkt transparent:
	Hersteller:
	Verbrauch:
	Farbton (nur bei deckend):
	_____________ m² EP € GP €
05	Dispersionssilikatfarbe
	Auf den trockenen Putz wird ein wasserabweisendes Beschichtungssystem auf Dispersionssilikatbasis nach DIN EN 1062-1 und DIN 18363 nach Herstellervorschrift aufgebracht, das die Anforderungen an Deckschichten gemäß WTA-Merkblatt 2-9-20 erfüllt:
	$s_d < 0{,}2$ m, $w < 0{,}15$ kg/($m^2h^{0,5}$). Die Werte gelten für jede einzelne Schicht.
	Arbeitsschritte: Grundierung, Grundanstrich (außer Egalisationsanstrich), Schlussanstrich
06	Egalisationsanstrich auf Dispersionssilikatbasis
	Auf den trockenen und ausreichend erhärteten Untergrund wird eine einmalige, egalisierende Beschichtung mit einer Dispersionssilikatfarbe (im Farbton des Untergrundes) nach DIN EN 1062-1 und DIN 18363 nach Herstellervorschrift aufgebracht, die die Anforderungen an Deckschichten gemäß WTA-Merkblatt 2-9-20 erfüllt: $s_d < 0{,}2$ m, $w < 0{,}15$ kg/($m^2h^{0,5}$).
	Produkt:
	Hersteller:

	Verbrauch:		
	Farbton:		
	_____________ m²	EP €	EP €
07	Dispersionssilikatfarbe – zweifach		
	Auf den vorbereiteten und trockenen Untergrund wird ein offenporiges und wasserabweisendes Beschichtungssystem auf Silikatbasis zweimal aufgetragen (Grund- und Schlussbeschichtung).		
	Trockenzeit mind. 12 Stunden bis zum nächsten Arbeitsgang		
	Dispersionssilikatfarbe nach DIN EN 1062-1 bzw. DIN 18363 sowie entsprechend den Anforderungen an Deckschichten gemäß WTA-Merkblatt 2-9-20: $s_d < 0{,}2$ m, $w < 0{,}15$ kg/($m^2h^{0,5}$).		
	Produkt:		
	Hersteller:		
	Verbrauch:		
	Farbton:		
	_____________ m²	EP €	GP €
08	Dispersionssilikatfarbe – Lasur		
	Auf den vorbereiteten und trockenen Untergrund wird ein wasserabweisendes Lasursystem auf Silikatbasis aufgetragen. Die deckende und die transparente Komponente sind im vorgegebenen Verhältnis zu mischen und in mindestens zwei Arbeitsgängen aufzutragen.		
	Dispersionssilikatfarbe nach DIN EN 1062-1 bzw. DIN 18363 sowie entsprechend den Anforderungen an Deckschichten gemäß WTA-Merkblatt 2-9-20: $s_d < 0{,}2$ m, $w < 0{,}15$ kg/($m^2h^{0,5}$)		
	Produkt deckend:		
	Produkt transparent: Fixativ		
	Hersteller: Hersteller:		
	Verbrauch:		
	Farbton:		
	_____________ m²	EP €	GP €
01.01.07	**Beschichtungsarbeiten – Fassadenflächen**		GP €

Titel			
01.01	**Vorarbeiten**		
Bereich			
01.01.08	**Beschichtungsarbeiten – Innenbereich**		
01	Dispersionssilikatfarbe		
	Auf den trockenen Putz wird eine zweimalige Beschichtung mit einer Dispersionssilikatfarbe nach DIN EN 1062-1 und nach DIN 18363 sowie nach Herstellervorschrift aufgebracht, die den Anforderungen an Deckschichten gemäß WTA-Merkblatt 2-9-20 entspricht: $s_d < 0{,}2$ m.		
	Produkt:		
	Hersteller:		
	Verbrauch:		
	Farbton:		
	_____________ m²	EP €	GP €
02	Kalkfarbe		
	Auf den trockenen Putz wird eine zweimalige Beschichtung mit einer Kalkfarbe nach DIN 18363 aufgebracht.		
	Produkt:		
	Hersteller:		
	Verbrauch:		
	Farbton:		
	_____________ m²	EP €	GP €
	Alternativ kann die Kalkfarbe auch auf feuchten Putz aufgebracht werden. Die Herstellervorgaben sind zu berücksichtigen.		
01.01.08	Beschichtungsarbeiten – Innenbereich		GP €

Literatur- und Bildnachweise

Bücher und Zeitschriftenartikel

[1] Claus Arendt: Praxisvergleich von Sanierputzen – Untersuchungsergebnisse aus dem BMFT –Forschungsprojekt »Diagnose und Therapie überhöhter Feuchte-/Salz-belastung in historischen Mauerwerkskomplexen«. In: WTA-Schriftenreihe 7 – Sanierputzsysteme. Freiburg: Aedificatio, 1995, S. 117–129

[2] Dettmering, T.; Kollmann, H.: Putze in Bausanierung und Denkmalpflege. 3. überarb. Aufl. Berlin: Beuth Verlag, 2019

[3] Droll, K.; Meier, H.G.: Querschnittshydrophobierung von Sanierputzen – Langzeiterfahrungen, Teil 1 und Teil 2. Bautenschutz & Bausanierung 19 (1996), Nr. 3/4

[4] Hautsch, Sabine: Untersuchungen zum Langzeitverhalten von vorwiegend Sanierputzen im Außenbereich. Diplomarbeit an der Bauhausuniversität Weimar, Fakultät Bauingenieurwesen, Professur Bauchemie. 29.09.2003

[5] Hettmann, D.: Sanierputze – nur eine flankierende Maßnahme. In: Kollmann, H. (Hrsg.): WTA Schriftenreihe 7: »Sanierputzsysteme«. Freiburg: Aedificatio Verlag, 1995, S. 101–115

[6] Kaiser, P.; Heling, D.: Salztransport in Standard-Sanierputzen. In: Kollmann, H. (Hrsg.): WTA Schriftenreihe 7 »Sanierputzsysteme«. Freiburg: Aedificatio Verlag, Freiburg 1995, S. 35–46

[7] Koch, R.: Der Linzgauleuchtturm Hohenbodman. Owingen: Gemeinde Owingen, 2019

[8] Kuhl, O.: Untersuchungen zur Wirksamkeit und Wirkungsweise von Bleihexaflurosilikatlösungen bei der Anwendung in Sanierputzsystemen. Gießen: Institut für Angewandte Geowissenschaften der Universität Gießen, 1989

[9] Künzel, H.: Sanierputze sind mehr als eine begleitende Maßnahme. In: Schriftenreihe 8. Fachverband Feuchte- und Altbausanierung e.V. Berlin: Verlag für Bauwesen, 1997

[10] Künzel, H.: Trocknungsblockade durch Mauerversalzung. In: Bautenschutz & Bausanierung 4 (1991), Nr. 4, S. 63–66

[11] Laue, S.: Verwitterung von Naturstein durch lösliche Salze an wechselfeuchter Luft. In: Institut für Steinkonservierung e. V. (Hrsg.): Salze im historischen Natursteinmauerwerk. Mainz: IFS-Tagung, 2002. Bericht Nr. 14, S., S. 19–30

[12] Meier, H. G.: Sanierputze: ein wichtiger Bestandteil der Bauwerkinstandsetzung. In: Weber, H. (Hrsg.): Baupraxis + Dokumentation, Bd. 18. Renningen-Malmsheim: Expert Verlag, 1999

[13] Patitz, G.; Grassegger, Wölbert O. (Hrsg.): Natursteinbauwerke Untersuchen – Bewerten – Instandsetzen. Arbeitsheft des Landesamtes für Denkmalpflege Baden-Württemberg 29. Stuttgart: Fraunhofer IRB Verlag/Konrad Theiss Verlag, 2014

[14] Rajasil Bauberatung; HECK Wall Systems GmbH (Hrsg.): Objektbericht Völkerschlachtdenkmal Leipzig. URL: https://www.wall-systems.com/de/download [Stand: 10.9.2020]

[15] Schaller, D.: Kellerinstandsetzung ohne Abdichtungsmaßnahmen. Heringsdorf: Vortrag und Fachbeitrag zu den 20. Hanseatischen Sanierungstagen, 2009

[16] Schmidt-Döhl, F.: Materialprüfung im Bauwesen. Stuttgart: Fraunhofer IRB Verlag, 2013

[17] Schmidt-Döhl, F.; Wobst, M.: Wichtige bauchemische Untersuchungsmethoden. Braunschweig: MPA Braunschweig, 2004

[18] Schumann, D.: Ein Überblick zur Fassadeninstandsetzung in den letzten 20 Jahren – Ansätze zur Entwicklung von Sanierputzen. In: Anwendung von Sanierputzen in der baulichen Denkmalpflege. WTA-Schriftenreihe Nr. 14. Freiburg: Aedificatio Verlag, 1997, WTA-Schriftenreihe Nr. 14

[19] Stark, J., Stürmer, S.: Bauschädliche Salze. In: Schriften der Bauhaus Universität 103. Weimar: Finger Institut für Baustoffkunde, 1996

[20] Steiger, M.; Behlen, A.; Wiese, U.: Immissionsbelastung durch salzbildende Stoffe und Wirkung auf mineralische Baustoffe. In: Institut für Steinkonservierung e. V. Bericht Nr. 14 (2002), S. 1–9

[21] Weber, J.; Hafkesbrink, V.: Bauwerksabdichtung in der Altbausanierung. 3. Aufl. Wiesbaden: Springer Vieweg Verlag, 2012

[22] Zürcher, C.; Frank, T.: Bauphysik. vdf Hochschulverlag AG an der ETH Zürich, Auflage: 5., überarbeitete, 2018 Webversion 1.0 URL: https://enbau-online.ch/bauphysik [Stand 4.10.2020]

Merkblätter (außer WTA)

[23] Bundesverband Aufbau und Fassade im Zentralverband Deutsches Baugewerbe; Österreichische Arbeitsgemeinschaft Putz; Schweizerischer Maler- und Gipsunternehmer-Verband (Hrsg.): Merkblatt für Verputzen, Wärmedämmen, Spachteln und Beschichten bei hohen und niedrigen Temperaturen. Berlin/Guntramsdorf/Wallisellen: Dezember 2013

[24] Bundesverband Aufbau und Fassade im Zentralverband Deutsches Baugewerbe; Bundesverband der Gips- und Gipsbauplatten-Industrie e. V. (Hrsg.): Gipsputze und gipshaltige Putze auf Beton. Berlin: Dezember 2010

[25] Bundesanstalt für Straßenwesen (Hrsg.): Zusätzliche Technische Vertragsbedingungen und Richtlinien für Ingenieurbauten ZTV-ING, Teil 3: Massivbau. Stand 10/2017

[26] Europäischer Fachverband der Putzhersteller (Hrsg.): Merkblatt für Planung und Anwendung von metallischen Putzprofilen im Außen- und Innenbereich. Zwevegem/Berlin: Januar 2016

[27] Fachverband der Stuckateure für Ausbau und Fassade Baden-Württemberg, Verband Garten-, Landschafts- und Sportplatzbau Baden-Württemberg e.V. (Hrsg.): Richtlinie für die fachgerechte Planung und Ausführung des Fassadensockelputzes sowie des Anschlusses der Außenanlagen. 3. überarb. Aufl. Stuttgart: 2013

DIN-Normen

[28] DIN EN 13914-1:2016-09. Planung, Zubereitung und Ausführung von Außen- und Innenputzen – Teil 1: Außenputze; Deutsche Fassung EN 13914-1:2016

[29] DIN 18299:2019-09. VOB Vergabe- und Vertragsordnung für Bauleistungen – Teil C: Allgemeine Technische Vertragsbedingungen für Bauleistungen (ATV) – Allgemeine Regelungen für Bauarbeiten jeder Art

[30] DIN 18350:2019-09. VOB Vergabe- und Vertragsordnung für Bauleistungen – Teil C: Allgemeine Technische Vertragsbedingungen für Bauleistungen (ATV) – Putz- und Stuckarbeiten

[31] DIN 18363:2019-09. VOB Vergabe- und Vertragsordnung für Bauleistungen – Teil C: Allgemeine Technische Vertragsbedingungen für Bauleistungen (ATV) – Maler- und Lackierarbeiten – Beschichtungen

[32] DIN 18550-1:2018-01. Planung, Zubereitung und Ausführung von Außen- und Innenputzen – Teil 1: Ergänzende Festlegungen zu DIN EN 13914-1:2016-09 für Außenputze

[33] DIN 18533-1:2017-07. Abdichtung von erdberührten Bauteilen – Teil 1: Anforderungen, Planungs- und Ausführungsgrundsätze

[34] DIN 18560-1:2015-11: Estriche im Bauwesen – Teil 1: Allgemeine Anforderungen, Prüfung und Ausführung

[35] DIN EN ISO 2409:2013-06. Beschichtungsstoffe – Gitterschnittprüfung. Deutsche Fassung EN ISO 2409:2013

[36] DIN 4108. Wärmeschutz und Energie-Einsparung in Gebäuden.

[37] DIN 66133:1993-06. Bestimmung der Porenvolumenverteilung und der spezifischen Oberfläche von Feststoffen durch Quecksilberintrusion

[38] DIN 66139:2012-03. Porengrößenanalyse – Darstellung von Porengrößenverteilungen

[39] DIN EN 998-1:2003-09. Festlegungen für Mörtel im Mauerwerksbau – Teil 1: Putzmörtel; Deutsche Fassung EN 998-1:2003

[40] DIN EN 998-1:2017-02. Festlegungen für Mörtel im Mauerwerksbau – Teil 1: Putzmörtel; Deutsche Fassung EN 998-1:2016

[41] DIN EN 1015-18:2003-03. Prüfverfahren für Mörtel für Mauerwerk – Teil 18: Bestimmung der kapillaren Wasseraufnahme von erhärtetem Mörtel (Festmörtel); Deutsche Fassung EN 1015-18:2002

[42] DIN EN 18555-6:1987-11. Prüfung von Mörteln mit mineralischen Bindemitteln; Festmörtel; Bestimmung der Haftzugfestigkeit

[43] DIN EN 1062-1:2004-08. Beschichtungsstoffe – Beschichtungsstoffe und Beschichtungssysteme für mineralische Substrate und Beton im Außenbereich – Teil 1: Einteilung; Deutsche Fassung EN 1062-1:2004

WTA-Merkblätter und WTA-Schriften

[44] Kollmann, H. (Hrsg.): Sanierputzsysteme. Freiburg: Aedificatio Verlag, 1995 (WTA-Schriftenreihe; 7)

[45] WTA-Merkblatt 2-7-01/D. Kalkputze in der Denkmalpflege. Stuttgart: September 2002

[46] WTA-Merkblatt 2-4-14/D. Beurteilung und Instandsetzung gerissener Putze an Fassaden. München: April 2014

[47] WTA-Merkblatt 2-2-91/D. Sanierputzsysteme. München: Juli 1992 (ersetzt durch Merkblatt 2-9-04/D)

[48] WTA-Merkblatt 2-9-04. Sanierputzsysteme. Stuttgart: Dezember 2005 (ersetzt durch Merkblatt 2-9-20/D)

[49] WTA-Merkblatt 2-9-20/D. Sanierputzsysteme. Stuttgart: März 2020

[50] WTA-Merkblatt 2-10-06/D. Opferputze. Stuttgart: März 2007

[51] WTA-Merkblatt 2-11-18/D. Gipsmörtel im historischen Mauerwerksbau und an Fassaden. Stuttgart: August 2018

[52] WTA-Merkblatt 2-12-13/D. Fassadenanstriche für mineralische Untergründe in der Bauwerkserhaltung und Baudenkmalpflege. Stuttgart: September 2013

[53] WTA-Merkblatt 2-14-19/D. Funktionsputze. Stuttgart: Juli 2019

[54] WTA-Merkblatt 3-13-19/D. Salzreduzierung an porösen mineralischen Baustoffen mittels Kompressen. München: Dezember 2019

[55] WTA-Merkblatt 4-5-99/D. Beurteilung von Mauerwerk – Mauerwerksdiagnostik. Stuttgart: September 1999

[56] WTA-Merkblatt 4-6-05/D. Nachträgliches Abdichten erdberührter Bauteile. Stuttgart: März 2005 (ersetzt durch Merkblatt 4-6-14/D)

[57] WTA-Merkblatt 4-10-15/D. Injektionsverfahren mit zertifizierten Injektionsstoffen gegen kapillaren Feuchtetransport. Stuttgart: März 2015

[58] WTA-Merkblatt 4-6-14/D. Nachträgliches Abdichten erdberührter Bauteile. Stuttgart: Januar 2014

[59] WTA- Merkblatt 4-11-02/D. Messung der Feuchte von mineralischen Baustoffen. Stuttgart: Oktober 2003

[60] WTA-Merkblatt 4-7-15/D. Nachträgliche Mechanische Horizontalsperre. Stuttgart: 2015

Bildnachweise

15–18 Lothar Goretzki, Bernd Möser, Bauhaus Universität Weimar

27 Gabriele Patitz, IGP, Karlsruhe

28, 29 Harry Luik, Reutlingen

31 Frank Schlütter, MPA Bremen

33, 37, 38, 58, 61, 70, 72, 82, 83, 99-102, 105-108 HECK Wall Systems GmbH, Marktredwitz

59, 60 Wilfried Schatz, Blitzenreute

110, 112, 117-120, 128-131 Corinna Wagner-Sorg, Überlingen

Alle übrigen Bilder von den Autoren, sofern in der Bildunterschrift nicht anders vermerkt.

Stichwortverzeichnis

A

Abplatzung *108–109, 191*
Anarbeiten *91, 102*
Anionen *14, 17, 62, 68*
Ausblühung *23, 60, 129, 132, 138, 153–154, 163, 172–173, 202*
Ausgleichsfeuchte *14–15, 21, 24, 51, 80, 172*

B

Baudenkmal *13*
Bausubstanz, historisch *71, 87, 144*
Bauteil, erdberührt *71, 107*
Bewurf, deckend *41–42*
Bims *34, 38, 152*
Bindemittel, gipshaltig *67*
Bindemittelmatrix *32, 40*
Blähglas *38*
Bleihexafluorosilikat *78*
Bossenputz *99, 148*

C

CalciumCarbid-Messung *55*
Calciumsulfat *62–64, 87, 163*
CM-Messung *55*

D

Dampfdruckgefälle *79–80*
Denkmalpflege *145–146, 162, 189, 192–195, 202*
Dichtungsschlämme *121–122, 131, 209*
Dickbeschichtung *72, 209*
Dickenschwankung *43, 140, 142, 208*
Dielektrizitätskonstante *51*
Diffusion *24, 32, 36, 51, 60, 79, 137, 153*
Diffusionseigenschaft *35*
Diffusionswiderstand *36*
Durchfeuchtungsgrad *57–59, 73, 79–80, 87, 93, 157, 159–160, 167*

E

Egalisationsanstrich *115*
Eigensalz *25, 62, 64*
Entfeuchtung *21, 36, 75*
Entsalzung *36*
Ettringit *87, 131, 163*

F

Fachwerk *82*
Farbtonunterschied *114–115, 138*
Fassadenzier *99, 103, 129*
Feuchteaufnahme, hygroskopische *14, 50, 60, 167, 173*
Feuchte, aufsteigende *50, 59–60, 73, 76, 79–80, 147, 157, 168, 174*
Feuchtegehalt *58*
Feuchte, hygroskopische *16*
Feuchteprofil *54, 57*
Feuchtequelle *52*
Feuchteursache *49, 57*
Feuchtigkeitsaustausch *42*
Feuchtemessung, kapazitiv *51*
Fremdüberwachung *30, 46, 143, 207*
Frischmörtelrohdichte *96*
Frostbeständigkeit *31*

G

Gasbildner *39*
Gesims *101, 203*
Gesteinskörnung *24, 31–32, 37–38, 62, 64, 113, 155*
Gips *37, 62, 64, 93, 131*
Grundierung *137, 195*

H

Haftverbund *41, 80–81, 86–87, 116, 125*
Höhenprofil *55*
Hohllage *89, 127*
Hydratationsvorgang *13–14*
Hydrophobie *40, 103–104, 134–135, 162*
Hydrophobierung *39, 66*
Hydrophobierungsmittel *38*
Hygroskopizität *35, 57, 76, 79*

I

Infrarotkamera *53*
Infrarot-Thermografie *53*
Injektionsstoff, Zertifizierung *73*
Instandsetzungsmaßnahme *160, 165*
Ionenchromatografie *63*
Isotopensonde *53*

K

Kalium *63*
Kalk, hydraulisch *147, 152*
Kalksanierputz *40*
Kalkzementputz *18, 153–154, 168*
Kapillaraktivität *41*
Kapillarkondensation *50, 121*
Kapillarpore *13, 18, 23, 33, 51*
Kapillartransport *24, 50–51, 87, 153, 156*
Kationen *14, 16, 63, 68*
Klimaverhältnis *49*
Kompresse *18, 21–22*
Kompressenbehandlung *25, 27*
Kompressenputz *21, 23, 25–26, 80, 147*
Kompressenverfahren *24*
Kondensation *50, 60, 76, 121*
Kratzputz *99–100, 115, 148*
Kristallisationsvorgang *14*

L

Leichtzuschlag *33–34, 37–38, 41, 152, 163*
Leistungsbereich *207*
Leitfähigkeit, kapillare *32*
Löslichkeit von Salzen *15*
Luftfeuchte, relative *54, 119*
Luftporenbildner *33*
Luftporenbildung *38–39, 135, 163*

M

Magnesium *63*
Maschinenverarbeitung *39, 41*
Maßnahme, abdichtende *147, 189*
Mauerwerksoberfläche *66, 125*
Mindestdicke *43, 78*
Mindestluftporengehalt *41, 44*
Mindestporenvolumen *36, 43*
Mindestputzdicke *97, 99, 102, 132*
Mischpumpenmaschine *38, 133*
Mörtel, gipshaltig *62, 92*
Mörtelprüfung *45*
Muster-Umweltproduktdeklaration *37*

N

Nachbehandlung *40, 135*
Nachmischer *38, 133*
NA-Zement *147*
Nitratgehalt *65, 119, 158–159*

O

Oberflächenwasser *76, 101, 137, 179, 181–182, 185*
Opferputz *18, 21–24*
Osmose *50*

P

Perlit *34, 38, 152*
Porengeometrie *32*
Porengrößenverteilung *32, 39, 89, 163*
Porenradienverteilung *23*
Porosität *23, 31–32, 43–44, 78, 89, 145, 161*
Probenahme *52, 54–55, 62, 89, 157*
Probenentnahmestelle *51, 53*
Produktanforderung *30*
Produktionskontrolle, werkseigene *46*
Pufferschicht *79, 159*
Putzfestiger *91*
Putzmaschine *38, 94–95*
Putzträger *82–83, 85–86, 118, 120, 194, 200*
Puzzolan *40*

Q

Quaderputz *99*
Qualitätssicherung *38, 73, 96, 142*
Querschnittshydrophobie *122, 163*
Querschnittshydrophobierung *39*

R

Radarverfahren *52*
Raumlufttrockner *104*
Rissbildung *81, 97, 127, 130, 132–134, 139*
Röntgendiffraktometrie *63*

S

Salzart *14–15*
Salzbelastung, Bewertung *66, 68*
Salzbeständigkeit *31, 45*
Salzgemisch *62*
Salzion *62–63, 67*
Salzphase *62*
Salzreduktion *18, 24*
Salzresistenz *44, 46, 76*
Salzumwandlung *79*
Sättigungsfeuchte *56–57*
Schimmelpilz *119, 136*
Sockelputz *19, 53, 83–84, 89–90, 107, 111, 206*
Sorption *57*
Sperrputz *20, 22, 72, 121*
Spritzwasserbereich *109, 111*
Spritzwassereintrag *141, 174*
Spritzwasserzone *113*
Stallung *119*
Stearat *163*
Sulfatwiderstand *40*

T

Taupunkt *117–118*
Tauwasser *59, 117, 122–123, 136, 140*
Tenside *38–39*
Tensidluftpore *33–35, 152*
Tensidluftporenbildner *41*
Trasskalk *40, 152*
Trassmehl *40*
Trocknungsblockade *18, 35, 93*

U

Umnutzung *119, 173*
Untergrundversalzung *42, 66*

V

Verdunstungsvorgang *13*
Verdunstungszone *13, 23, 32*
Vermiculit *38, 152*
Versalzungsgrad *16, 32*
Versuchsfläche *158, 160*
Voruntersuchung *49, 67, 69*

W

Wäge-Darr-Methode *55–56*
Wärmedämmputz *117–118, 137*
Wärmeleitfähigkeit *53*
Wasseraufnahme *58*
Wasseraufnahme, kapillare *43–44, 50, 211*
Wasserbeanspruchung *71*
Wasserdampfdiffusion *50*
Wasserdampfdiffusionswiderstand *133, 137*
Wasserdampfdurchlässigkeit *18, 31–32, 43–44, 116, 155, 192*
Wassereindringtiefe *43–44*
Wasserrückhaltevermögen *39, 44*
Widerstandsmessung *51*
Witterungsschutz *22, 39, 116*

Z

Zementputz *18, 20, 113*
Zertifizierungsausschuss *30, 47, 143*
Ziegelsichtgewölbe *120*
Zusatzmittel *32, 38*